普通高等教育"十二五"规划教材

GAOFENZI HUAXUE YU WULI SHIYAN

高分子化学与物理实验

周智敏　米远祝　编

化学工业出版社

·北京·

全书内容分十二个单元，第一单元至第四单元是一些经典的常用的高分子聚合反应，并且按照聚合机理加以分类（逐步聚合、自由基聚合、离子聚合、配位缩聚以及开环聚合等）；第五单元、第六单元为聚合反应动力学和高分子化学反应；第七单元至第十一单元是高分子结构与性能试验，涉及高分子结构分析、高分子溶液性质、聚合物力学性能、聚合物热性能、聚合物熔体流动性质等，实验可操作性和实用性强；第十二单元是综合与设计性实验，其目的是加强学生自主进行实验设计、实验实施、观察和总结的能力；附录部分为了方便实验工作，给出了有关高分子化学及物理实验的一些基础数据表。

本书可作为高分子材料及工程专业的本科教材，同时也适合应用化学和石油工程等专业使用。

图书在版编目（CIP）数据

高分子化学与物理实验/周智敏，米远祝编. —北京：化学工业出版社，2011.8（2024.11重印）

普通高等教育"十二五"规划教材

ISBN 978-7-122-11828-8

Ⅰ. 高…　Ⅱ.①周…②米…　Ⅲ.①高分子化学-实验-高等学校-教材②高聚物物理学-实验-高等学校-教材

Ⅳ. O63-33

中国版本图书馆 CIP 数据核字（2011）第 139098 号

责任编辑：彭喜英　杨　菁　　　　　　　　装帧设计：张　辉
责任校对：陈　静

出版发行：化学工业出版社（北京市东城区青年湖南街 13 号　邮政编码 100011）
印　　装：北京七彩京通数码快印有限公司
787mm×1092mm　1/16　印张 9¾　字数 307 千字　　2024 年 11 月北京第 1 版第 9 次印刷

购书咨询：010-64518888　　　　售后服务：010-64518899
网　　址：http://www.cip.com.cn

凡购买本书，如有缺损质量问题，本社销售中心负责调换。

定　　价：35.00 元

前　言

为了适应教学改革，更好地培养适应21世纪高分子材料与工程方面人才，《高分子化学与物理实验》是在我们多年理论和实验教学的基础上，参考国内外高分子化学及物理理论和实验教材编写的，主要针对高分子材料及工程专业，同时也适用于应用化学和石油工程等专业使用。全书内容分十二个单元，第一单元至四单元是一些经典的常用的高分子聚合反应，并且按照聚合机理加以分类（逐步聚合、自由基聚合、离子聚合、配位缩聚以及开环聚合等）；第五单元、第六单元为聚合反应动力学和高分子化学反应；第七单元至十一单元是高分子结构与性能试验，涉及高分子结构分析、高分子溶液性质、聚合物力学性能、聚合物热性能、聚合物熔体流动性质等，实验可操作性和实用性强；第十二单元是综合与设计性实验，其目的是加强学生自主进行实验设计、实验实施、观察和总结的能力；附录部分为了方便实验工作，给出了有关高分子化学及物理实验的一些基础数据表。

本教材有以下几个方面的特点：一是将高分子化学实验和高分子物理实验有机地结合起来，成为一个整体；二是与理论教材紧密结合，根据常用理论教材内容的编排方式加以编排和分类，使学生更容易、更方便地将理论与实验结合起来，有效地避免了学生经常把实验内容看成是与理论教材内容关系不大的问题，能真正做到有的放矢；三是在注重内容全面的基础上，保证所选实验均为经典的内容，避免了一些已经过时和对学生能力提高不大的实验内容；四是注重实验原理和反应机理方面内容的提炼和补充；五是内容编排从基础到综合，符合循序渐进的原则，使学生能力逐步提高。

《高分子化学与物理实验》教材实验1～19及附录由米远祝编写，实验20～42由周智敏编写。本书在编写过程中得到了长江大学教务处和长江大学化学与环境工程学院领导大力支持和帮助，在此深表谢意，由于编者水平有限，经验不足，书中有不妥之处，恳请读者及同行批评指正。

编者

2011 年 6 月

前　言

目 录

第一单元 缩合聚合 ……………… 1
　实验 1 界面缩聚法制备聚酰胺 ……… 1
　实验 2 酚醛树脂的合成 ……………… 2
第二单元 自由基聚合 …………… 5
　实验 3 甲基丙烯酸甲酯的本体聚合 … 5
　实验 4 醋酸乙烯酯的溶液聚合 ……… 7
　实验 5 丙烯酰胺的水溶液聚合 ……… 8
　实验 6 甲基丙烯酸甲酯的悬浮聚合 … 10
　实验 7 苯乙烯的悬浮聚合…………… 11
　实验 8 苯乙烯的乳液聚合…………… 13
　实验 9 醋酸乙烯酯的乳液聚合 ……… 15
　实验 10 苯乙烯-顺丁烯二酸酐的交替共聚 … 17
第三单元 离子聚合与配位聚合 … 20
　实验 11 苯乙烯的阳离子聚合 ……… 20
　实验 12 丙烯腈的阴离子聚合 ……… 22
　实验 13 苯乙烯的配位聚合 ………… 23
第四单元 开环聚合 ……………… 26
　实验 14 己内酰胺的水解开环聚合 … 26
　实验 15 己内酰胺的阴离子开环聚合 … 28
第五单元 聚合动力学 …………… 30
　实验 16 苯乙烯本体聚合及其反应速率的
　　　　 测定 ……………………… 30
　实验 17 苯乙烯与丙烯腈的自由基共聚及
　　　　 其竞聚率的测定 ………… 33
第六单元 聚合物的化学反应 …… 36
　实验 18 聚乙烯醇缩甲醛的制备 …… 36
　实验 19 聚醋酸乙烯酯的醇解反应 … 37
第七单元 高分子溶液的性质 …… 39
　实验 20 黏度法测定聚合物相对分子质量 … 39
　实验 21 渗透压法测定分子量 ……… 43
　实验 22 光散射法测定聚合物的相对分子
　　　　 质量及分子尺寸 ………… 48
　实验 23 凝胶渗透色谱测定聚合物相对分子
　　　　 质量分布 ………………… 53
　实验 24 聚合物沉淀分级 …………… 58
第八单元 聚合物的结构 ………… 62
　实验 25 偏光显微镜测高聚物球晶形态 … 62
　实验 26 密度法测定聚合物结晶度 … 66

实验 27 聚合物双折射测定 ………… 68
实验 28 溶胀法测定交联聚合物的交联度 … 71
实验 29 用（MP）软件构建全同立构聚丙烯、
　　　 聚乙烯分子，并计算它们末端直线
　　　 距离 ………………………… 74
第九单元 聚合物的力学性能 …… 78
　实验 30 聚合物的形变-温度曲线 …… 78
　实验 31 聚合物拉伸性能测试 ……… 80
　实验 32 聚合物冲击性能测试 ……… 84
　实验 33 动态黏弹谱仪测定聚合物的动态力
　　　　 学性能 …………………… 89
第十单元 聚合物的热性能 ……… 94
　实验 34 维卡软化点温度的测定 …… 94
　实验 35 聚合物材料热形变温度的测定 … 96
　实验 36 聚合物的差示扫描量热分析… 100
　实验 37 膨胀计法测定聚合物的玻璃化
　　　　 转变温度 ………………… 106
第十一单元 聚合物熔体的流动性质 … 109
　实验 38 塑料熔体流动速率的测定… 109
第十二单元 综合及设计性实验 … 113
　实验 39 甲基丙烯酸甲酯本体聚合综合
　　　　 实验 …………………… 113
　实验 40 丙烯酸酯乳液压敏胶制备综合
　　　　 实验 …………………… 115
　实验 41 苯乙烯-丁二烯共聚合实验设计 … 119
　实验 42 高吸水性树脂制备实验设计 … 124
附录 …………………………………… 127
　附录 1 常用引发剂的精制 ………… 127
　附录 2 常用单体的精制 …………… 128
　附录 3 常用有机溶剂的精制 ……… 131
　附录 4 聚合物的分离和提纯 ……… 133
　附录 5 常用单体的物理常数 ……… 135
　附录 6 常用单体及聚合物的折光指数
　　　　 和密度 …………………… 136
　附录 7 常用冷却剂的配制方法 …… 136
　附录 8 常用加热介质的沸点 ……… 136
　附录 9 常用干燥剂的性质 ………… 137
　附录 10 聚合物分级用的溶剂和沉淀剂… 138

附录 11　自由基共聚的竞聚率…………………… 139

附录 12　常见聚合物名称和英文缩写……… 139

附录 13　聚合物的玻璃化温度（T_g）……… 140

附录 14　结晶性聚合物的密度……………… 140

附录 15　常用配置密度梯度管的轻液
和重液…………………………… 141

附录 16　结晶聚合物的熔点（T_m）……… 141

附录 17　纤维性能………………………… 141

附录 18　高分子-溶剂分子相互作用参数
（χ_1）………………………… 142

附录 19　聚合物的 θ 溶剂和 θ 温度………… 143

附录 20　一些聚合物的溶剂和非溶剂……… 143

附录 21　聚合物特性黏数-分子量关系
$[\eta]=KM^a$ 参数表 ………… 144

附录 22　能溶解聚合物的非溶剂混合物
（δ 为溶度参数）………… 145

附录 23　水的密度和黏度………………… 145

附录 24　1836 稀释型乌氏黏度计毛细管
内径与适用溶剂（20℃）……… 146

参考文献 ………………………………… 147

第一单元 缩合聚合

实验1 界面缩聚法制备聚酰胺

一、实验目的

1. 学习以对苯二甲酰氯与己二胺进行界面缩聚反应生成聚酰胺的方法。

2. 了解缩聚反应的过程和原理。

二、实验原理

聚酰胺（PA，俗称尼龙）是主链中含酰胺基团 $-\!(\mathrm{NHCO})\!-$ 的杂链聚合物。PA 具有良好的综合性能，包括力学性能、耐热性、耐磨损性、耐化学药品性和自润滑性，且摩擦系数低，有一定的阻燃性，易于加工，适于用玻璃纤维和其它填料填充增强改性，提高性能和扩大应用范围。PA 的品种繁多，有 PA6、PA66、PA11、PA12、PA46、PA610、PA612、PA1010 等，以及近几年开发的半芳香族尼龙 PA6T 和特种尼龙等很多新品种。在聚酰胺主链中引入苯环，成为半环芳族或全芳族聚酰胺，可进一步提高耐热性和钢性。与脂环式聚酰胺相似，芳族聚酰胺可以由二元酸和二元胺缩聚，也可以由氨基酸自缩聚而成。

界面缩聚是逐步聚合的方法之一，是将两种单体分别溶解于互不相溶的两种溶剂中（通常为水和有机溶剂），形成水相和有机相，然后将两种溶液混合，在两相界面迅速发生缩聚反应而生成聚合物。界面缩聚必须采用活性高的单体，室温下就能聚合。优点是缩聚设备比较简单，温度较低，反应进行迅速，不必要严格等基团数比，又比较容易得到高分子量的聚合物等。可使许多在高温下不稳定因而不能采用熔融缩聚方法的单体顺利地进行缩聚反应，由此扩大了缩聚单体的范围。目前已经广泛用于实验室及小规模合成聚酰胺、聚砜、含磷缩聚物和其它耐高温缩聚物。但是由于需要采用高活性单体，且溶剂消耗量大，虽然优点较多，但是工业上的实际应用并不多，典型的例子是用光气与双酚 A 界面缩聚合成聚碳酸酯。

本实验是将对苯二甲酰氯溶于四氯化碳，己二胺溶于水，并在水相中加入 NaOH，以消除聚合反应生成的副产物 HCl。将己二胺水溶液与对苯二甲酰氯的四氯化碳溶液相混合，因胺基与酰氯的反应速率常数很大，在相界面上马上生成聚合物的薄膜，把生成的膜不断拉出，单体可不断向界面扩散，从而聚合反应在界面持续进行。反应方程式如下：

三、实验仪器及试剂

1. 实验仪器

具塞锥形瓶（250mL）	1 只
烧杯（250mL）	2 只
烧杯（100mL）	2 只
玻璃棒	1 根

2. 实验试剂

己二胺（新蒸）	0.77g
对苯二甲酰氯	1.35g
蒸馏水	100mL
无水四氯化碳	100mL
氢氧化钠	0.53g

四、实验步骤

1. 称取 1.35g 对苯二甲酰氯于 250mL 干燥的锥形瓶中，加入 100mL 无水四氯化碳，盖上塞子，反复振荡至对苯二甲酰氯溶于四氯化碳形成有机相。

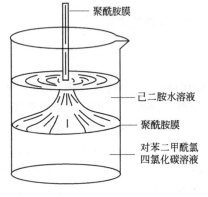

图 1-1　界面聚合示意图

2. 称取己二胺（新蒸）0.77g 和 NaOH 0.53g 分别加入两个 100mL 烧杯中，共用 100mL 水将其分别溶解后倒入 250mL 烧杯 A 中混合均匀，配成水相。

3. 将有机相倒入 250mL 烧杯 B 中，然后将 A 中的水溶液沿玻璃棒缓慢倒入烧杯 B 中，可以看到在界面处形成一层半透明的薄膜。将产物用玻璃棒小心拉出，缠绕在玻璃棒上，直到反应结束（如图 1-1）。所得聚合物放入 1% 的稀盐酸浸泡，再用水洗涤至中性后，压干，剪碎，真空干燥，最后计算产率。

五、注意事项

1. 四氯化碳有毒，可引起中枢神经系统和以肝、肾损害为主的全身性疾病。短期内吸入高浓度四氯化碳可迅速出现昏迷、抽搐，可因心室颤动或呼吸中枢麻痹而猝死。因此在使用中必须注意防护。

2. 己二胺毒性较大，其蒸气对眼和上呼吸道有刺激作用，吸入高浓度时，可引起剧烈头痛。溅入眼内，可引起失明。不慎溅到皮肤上时，用大量清水彻底冲洗。

六、思考题

1. 比较界面缩聚与其它缩聚反应的异同？
2. 影响聚合物相对分子量的因素有哪些？
3. 如何测定聚合反应的反应程度和相对分子质量大小？
4. 界面缩聚能否用于聚酯的合成，为什么？

实验 2　酚醛树脂的合成

一、实验目的

1. 了解缩聚反应的特点及反应条件对产物性能的影响。
2. 掌握酚醛树脂的合成原理和方法。

二、实验原理

酚醛树脂是由苯酚和甲醛在催化剂条件下缩聚，经中和、水洗而制成的树脂，是世界上最早由人工合成，也最早实现工业化的树脂。酚醛树脂具有良好的耐酸性能、力学性能、耐热性能，广泛应用于防腐蚀工程、胶黏剂、阻燃材料、砂轮片制造等行业。酚醛树脂有诸多优点，比如固化时不需要加入催化剂、促进剂，只需加热、加压，调整酚与醛的物质的量之比与介质 pH 值，就可得到具有不同性能的产物。固化后密度小，机械强度、热强度高，变形倾向小，耐化学腐蚀及耐湿性高，是高绝缘材料。其缺点是脆性大，颜色深，加工成型压力高。它与其它配料制成的产品叫酚醛塑料，高绝缘，俗称电木，广泛应用于电气工业、化学工业，还可用做涂料、黏合剂和清漆等。

酚醛树脂的合成反应分为两步进行，首先是苯酚与甲醛的加成反应，随后是缩合及缩聚反应。在适当条件下，一元羟甲基苯酚继续进行加成反应，就可生成二元及多元羟甲基苯酚。随反应条件的不同，缩合反应可以发生在羟甲基苯酚与苯酚分子之间，也可发生在各个羟甲基苯酚分子之间，缩合反应不断进行的结果，将缩聚形成一定分子量的酚醛树脂，由于缩聚反应具有逐步的特点，中间产物相当稳定，因而能够分离而加以研究。多年的研究分析通常认为，影响酚醛树脂的合成、结构及特性的主要因素为原料的化学结构，酚与醛的物质的量之比，反应介质的酸、碱性以及生产操作方法。

本实验是在酸性催化剂存在下，使甲醛与过量苯酚缩聚而得到热塑性酚醛树脂，其反应过程如下：

相对分子质量在 1000 以下，n 为 4～10。

三、实验仪器及试剂

1. 实验仪器

三口烧瓶（250mL）	1 只
冷凝管	1 支
搅拌器	1 套
温度计（100℃）	1 支
恒温水槽	1 台
锥形瓶（150mL）	3 只
蒸发皿	1 只
铁皮	1 块

2. 实验试剂

苯酚	50g
甲醛（36%水溶液）	41g
浓盐酸	1.0mL

四、实验步骤

1. 取 50g 苯酚和 41g 甲醛溶液于 250mL 三口烧瓶中混合。然后，固定三口烧瓶，装好回流冷凝器、搅拌器及温度计后，置于60℃恒温水浴中。实验装置见图2-1。

2. 向三口瓶中加入1.0mL盐酸，开动搅拌器，反应即开始，每隔30min用滴管取2～3滴反应物，放入预先称量好的150mL锥形瓶中，分别进行分析。

3. 反应3h后，将反应瓶中的全部物料倒入蒸发皿中，冷却后倒去上层水，下层缩合物用水洗涤数次，至呈中性为止。

4. 小火加热缩聚物，加热时，由于有水存在，树脂在开始时有泡沫，当水蒸发完后，将其倒在铁皮上冷却，称量。

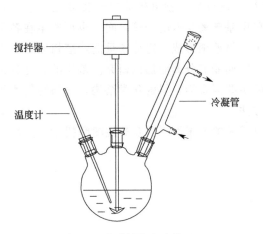

图 2-1　酚醛树脂合成装置

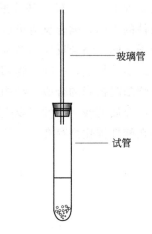

图 2-2　酚醛树脂的简易制备装置

五、思考题

1. 计算苯酚、甲醛加料量的物质的量之比，苯酚过量的目的何在？
2. 影响反应结果好坏的原因是什么？
3. 讨论碱催化合成酚醛树脂的结果。

注：酚醛树脂的定性制备也可利用以下简便方法在试管中进行。

取5g苯酚、5mL 36％甲醛溶液、1mL浓盐酸于大试管中，剧烈振荡，然后按图2-2所示装好玻璃管，在60℃水浴中加热反应（注意：当反应较为剧烈时，应将试管从水浴中取出，管口切勿对着人，以免其中反应物冲出伤人）。待反应平稳后，再将试管置于沸水浴中继续反应，约1h即可得到酚醛树脂。

第二单元　自由基聚合

实验 3　甲基丙烯酸甲酯的本体聚合

一、实验目的

1. 了解本体聚合的特点，掌握本体聚合的方法。

2. 熟悉有机玻璃的制备及成型方法；了解聚合原理，特别是温度对产品性能的影响。

二、实验原理

甲基丙烯酸甲酯由于具有庞大的侧基，其聚合物产品往往为无定形固体。聚甲基丙烯酸甲酯（PMMA）俗称有机玻璃，其最突出的性能是具有高度的透明度，透光率可达 90％以上。相对密度小，制品比同体积的无机玻璃制品轻巧得多。耐冲击强度好，低温性能良好，是航空工业与光学仪器制造工业的重要原料。有机玻璃表面光滑，在一定的弯曲限度内，光线可在其内部传导而不逸出，故外科手术中利用它把光线输送到口腔、喉部等作照明。它的电性能优良，电子、电气工业中常用它来作为绝缘材料。有机玻璃又由于着色后色彩五光十色，鲜艳夺目，被广泛应用于装饰材料和日用制品。

本体聚合又称块状聚合，它是在没有任何介质存在下，单体本身在微量引发剂引发下聚合或者直接用热、光和辐射线照射引发聚合。此法的优点是生产过程比较简单，成品无需后处理，产品也比较纯净，这个优点对要求透明度或电性能好的聚合物非常重要。各种规格的板棒、管材等制品均可直接聚合而成。但是自由基本体聚合中存在自动加速效应，聚合热不易排出，故造成局部过热，使聚合物分子量分布宽，产品变黄并产生气泡，使聚合物破损，在灌模聚合中若控温不好，体积收缩不均，还会产生聚合物光折射率不均匀和局部皱纹的弊端。因此，本体聚合要求严格控制不同阶段的反应温度，随时排出反应热是十分重要的。工业生产中在反应配方和工艺选择上必须是引发剂浓度要低，反应温度不宜过高，聚合分段进行，反应条件随不同阶段而异。

甲基丙烯酸甲酯单体既可进行自由基聚合，又可进行阴离子聚合。甲基丙烯酸甲酯的本体聚合是在引发剂引发下，按自由基聚合反应历程进行的，引发剂通常为过氧化苯甲酰（BPO）或偶氮二异丁腈（AIBN）。本实验以过氧化二苯甲酰为引发剂进行自由基本体聚合，反应过程如下。

1. 引发剂的分解

2. 链的引发

3. 链的增长

4. 链的终止

（1）偶合终止

（2）歧化终止

甲基丙烯酸甲酯在 60℃ 以上时聚合，以歧化终止为主。

在本体聚合反应开始前，通常有一段诱导期，聚合速度为零，体系无黏度变化。当转化率超过 20% 之后，聚合速率显著加快，出现自动加速效应，并且甲基丙烯酸甲酯并不是聚合物的良溶剂，长链自由基有一定程度的卷曲，自动加速效应更加明显，此时若控制不当，体系易发生暴聚而使产品性能变坏。由于黏度增加，散热困难，有时甚至会产生剧烈的爆炸。而转化率达 80% 之后，聚合速率显著减小，最后聚合反应几乎停止，需升高温度才能使之完全聚合。

甲基丙烯酸甲酯本体聚合制备有机玻璃常常采用分段聚合方式，先在聚合釜内进行预聚合，后将聚合物浇注到制品型模内，再开始缓慢后聚合成型。预聚合有几个好处：一是缩短聚合反应的诱导期，并使"凝胶效应"提前到来，以便在灌模前排出较多的聚合热，以利于保证产品质量；二是可以减少聚合时的体积收缩，因 MMA 由单体变成聚合物，体积要缩小 20%～22%，通过预聚合可使收缩率小于 12%，另外浆液黏度大，可减少灌模的渗透损失。

三、实验仪器及试剂

1. 实验仪器

锥形瓶（50mL）	1 只
试管	1 支
温度计（100℃）	1 支
恒温水槽	1 台

2. 实验试剂

甲基丙烯酸甲酯（MMA）（新蒸）	约 10g
过氧化二苯甲酰（BPO）（精制）	单体量的 0.1%～0.3%（质量分数）

四、实验步骤

1. 预聚

称取 10g 甲基丙烯酸甲酯（MMA）和 0.02g 过氧化二苯甲酰（BPO）引发剂于 50mL 洗净干燥的具塞锥形瓶中，振荡使引发剂溶解于 MMA 中，放在 80～90℃ 水浴中加热，不断摇动锥形瓶，反应约 30min，注意观察反应物黏度的变化，当液体成黏稠状时（类似室温下的甘油，此时转化率大约为 10%，反应约需 0.5～1h），停止加热，迅速冷却至室温。

2. 浇注

将预聚好的物料注入干燥的试管中，灌浆时要小心，既不要让物料溢至模外，也不要全灌满，必须稍留一定空间，以免加热膨胀导致反应物料溢出。

3. 后聚合

将试管放入 40℃的水浴或烘箱中，聚合约 20h，此时转化率约为 85％，注意温度不能太高，否则易使产物内部产生气泡。然后在 100～110℃的烘箱中聚合 2～3h。

4. 待聚合物冷至室温后，将试管打破，便得到试管形状的棒材，观察其透明性，是否有气泡。若浇注时放入花鸟之类，则为市售之"人工琥珀"。

五、注意事项

1. 本实验所用过氧化物类引发剂受到撞击、强烈研磨，极易燃烧、爆炸。取用时用量要少，盛引发剂的容器要轻拿、轻放，取用时洒落的，要及时收拾干净。

2. 升温反应时锥形瓶瓶塞不宜盖得太紧，以防温度升高时瓶塞被冲出。

六、思考题

1. 本体聚合与其它各种聚合方法比较，有什么特点？

2. 制品中的"气泡"、"裂纹"等是如何产生的？如何防止？

3. 制备有机玻璃时，为什么需要首先制成具有一定黏度的预聚物？

4. 在本体聚合反应过程中，为什么必须严格控制不同阶段的反应温度？

5. 凝胶效应进行完毕后，提高反应温度的目的何在？

实验 4　醋酸乙烯酯的溶液聚合

一、实验目的

1. 通过醋酸乙烯酯的溶液聚合，了解溶液聚合的原理及特点。

2. 通过实验了解聚醋酸乙烯酯的聚合方法。

二、实验原理

聚醋酸乙烯酯适于制造维尼纶纤维，分子量的控制是关键。由于醋酸乙烯酯自由基活性较高，容易发生链转移，反应大部分在醋酸基的甲基处反应，形成链或交链产物。除此之外，还向单体、溶剂等发生链转移反应。所以在选择溶剂时，必须考虑对单体、聚合物、分子量的影响，而选取适当的溶剂。温度对聚合反应也是一个重要的因素。随温度的升高，反应速度加快，分子量降低，同时引起链转移反应速率增加，所以必须选择适当的反应温度。

溶液聚合为单体、引发剂（或催化剂）溶于适当溶剂中进行聚合的过程。溶剂一般为有机溶剂，也可以是水，视单体、引发剂（或催化剂）和生成聚合物的性质而定。如果形成的聚合物溶于溶剂，则聚合反应为均相反应，这是典型的溶液聚合；如果形成的聚合物不溶于溶剂，则聚合反应为非均相反应，称为沉淀聚合，或称为淤浆聚合。溶液聚合体系的黏度比本体聚合低，一般具有反应均匀、聚合热易散发、反应速率及温度易控制、分子量分布均匀等优点。单体浓度低时，可不出现自动加速效应，从而避免暴聚并使聚合反应器设计简化。溶液聚合往往收率较低，聚合度也比用其它方法的要小，使用和回收大量昂贵、可燃、甚至有毒的溶剂，不仅增加生产成本和设备投资、降低设备生产能力，还会造成环境污染。如要制得固体聚合物，还要配置分离设备，增加洗涤、溶剂回收和精制等工序。溶液聚合在工业上常用于合成可直接以溶液形式应用的聚合物产品，如胶黏剂、涂料、油墨等，而较少用于合成颗粒状或粉状产物。

本实验以甲醇为溶剂进行醋酸乙烯酯的溶液聚合。根据反应条件的不同，如温度、引发剂用量、溶剂等的不同，可得到相对分子质量从 2000 到几万的聚醋酸乙烯酯。聚合时，溶剂回流带走反应热，温度平稳。但由于溶剂引入，大分子自由基和溶剂易发生链转移反应而使分子量降低。

$$n\text{CH}_2\text{=CH—OCCH}_3 \longrightarrow \text{—(CH}_2\text{—CH)—}_n$$

三、实验仪器及试剂

1. 实验仪器

三颈瓶（250 mL）	1只
搅拌器	1套
恒温水槽	1台
温度计（100℃）	1支
冷凝管	1支
瓷盘	1只

2. 实验试剂

醋酸乙烯酯（VAc，新蒸，BP＝73℃）	60mL
偶氮二异丁腈（AIBN）	0.21g
甲醇（BP＝54～65℃）	60mL

四、实验步骤

1. 如图 2-1，在装有搅拌器、冷凝管、温度计，干燥而洁净的 250mL 三颈瓶中分别加入 50mL 新鲜蒸馏的乙酸乙烯酯、10mL 溶有 0.21g AIBN 的甲醇。

2. 开动搅拌器，水浴加热，将反应物逐步升温至 65℃，使其回流，反应约 2h。

3. 观察反应情况，当体系很黏稠，聚合物完全粘在搅拌轴上时停止加热，加入 50mL 甲醇，再搅拌 10min，待黏稠物稀释后，停止搅拌。

4. 迅速取下三颈瓶，将溶液慢慢倒入盛水的瓷盘中，尽量将溶液散开，使聚醋酸乙烯酯呈薄膜析出。放置过夜，待膜面不粘手，将其用水反复冲洗，晾干后放入真空干燥箱中干燥，并计算产率。

五、思考题

1. 请简述溶液聚合的特点及影响因素。

2. 如何选择溶剂，实验中甲醇的作用是什么？

3. 试述乙酸乙酯溶液聚合的机理，写出各步基元反应的方程式。

实验 5　丙烯酰胺的水溶液聚合

一、实验目的

1. 了解溶液聚合的基本原理。

2. 掌握丙烯酰胺水溶液聚合的原理和方法。

二、实验原理

聚丙烯酰胺（PAM）外观是白色固体，易吸附水分和保留水分，为水溶性高分子聚合物，可以任意比例溶于水，不溶于甲醇、乙醇、丙酮、乙醚、脂肪烃和芳香烃等大多数有机溶剂，具有良好的絮凝性，可以降低液体之间的摩擦阻力，按离子特性可分为非离子、阴离子、阳离子和两性型四种类型。聚丙烯酰胺水溶液黏度随含量的增加而急剧上升，超过10％时就形成凝胶体。聚丙烯酰胺可应用于造纸过程中，作助留剂、补强剂；水处理中作助凝剂、絮凝剂、污泥脱水剂；石油钻采中作降水剂、驱油剂；还广泛应用于增稠、稳定胶体、减阻、黏结、成膜、生物医学材料等方面。

本实验是采用丙烯酰胺在过硫酸铵的引发下合成聚丙烯酰胺，反应机理如下：

$$NH_4-O-\underset{\underset{O}{\overset{O}{\|}}}{\overset{O}{\|}}S-O-O-\underset{\underset{O}{\overset{O}{\|}}}{\overset{O}{\|}}S-O-NH_4 \longrightarrow 2^-O-\underset{\underset{O}{\overset{O}{\|}}}{\overset{O}{\|}}S-O\cdot +2NH_4^+$$

$$^-O-\underset{\underset{O}{\overset{O}{\|}}}{\overset{O}{\|}}S-O\cdot + H_2C=CH-\underset{\underset{O}{\|}}{\overset{O}{\|}}C-NH_2 \longrightarrow\ ^-O-\underset{\underset{O}{\overset{O}{\|}}}{\overset{O}{\|}}S-O-H_2C-\overset{\cdot}{C}H-\underset{\underset{O}{\|}}{\overset{O}{\|}}C-NH_2$$

$$^-O-\underset{\underset{O}{\overset{O}{\|}}}{\overset{O}{\|}}S-O-H_2C-\overset{\cdot}{C}H-\underset{\underset{O}{\|}}{\overset{O}{\|}}C-NH_2 + H_2C=CH-\underset{\underset{O}{\|}}{\overset{O}{\|}}C-NH_2 \longrightarrow\ ^-O-\underset{\underset{O}{\overset{O}{\|}}}{\overset{O}{\|}}S-O-(CH_2-CH)_n-CH_2-\overset{\cdot}{C}H$$

$$2^-O-\underset{\underset{O}{\overset{O}{\|}}}{\overset{O}{\|}}S-O-(CH_2-CH)_n-CH_2-\overset{\cdot}{C}H \longrightarrow$$

$$^-O-\underset{\underset{O}{\overset{O}{\|}}}{\overset{O}{\|}}S-O-(CH_2-CH)_n-CH_2-CH-CH-CH_2-(CH-CH_2)_n-O-\underset{\underset{O}{\overset{O}{\|}}}{\overset{O}{\|}}S-O^-$$

随着反应的进行，分子链增长，当分子链增长到一定程度时，即可通过分子间的相互交替形成网络结构，使溶液的黏度明显增加。

三、实验仪器及试剂

1. 实验仪器

恒温水槽	1 台
电动搅拌器	1 套
量筒（10mL）	1 支
烧杯（50mL、250mL、500mL）	各 1 只

2. 实验试剂

丙烯酰胺	10.0g
过硫酸铵	0.05g
蒸馏水	90mL

四、实验步骤

1. 在 250mL 烧杯中加入 10.0g 丙烯酰胺和 80mL 蒸馏水，搅拌至完全溶解。

2. 准确称取 0.05g 过硫酸铵，用 10mL 蒸馏水溶解，然后倒入装有丙烯酰胺水溶液的

250mL 烧杯中。再把烧杯置于恒温水浴中，开动搅拌器，逐步升温至 90℃，反应 2～3h 后，冷却至室温。

3. 在 500mL 烧杯中加入 150mL 甲醇，在搅拌下缓慢加入如上反应液，聚合物开始沉淀析出。静置片刻后，再加入少量甲醇，观察是否有沉淀出现，如果有沉淀析出，需要再加入甲醇直至沉淀全部析出为止。过滤，并用少量甲醇洗涤聚合物，置于 30℃ 真空干燥箱中干燥至恒重，称量并计算产率。

五、思考题

1. 溶液聚合反应的溶剂应如何选择？
2. 在反应过程中，溶液的黏度是否会发生变化？为什么？

实验 6　甲基丙烯酸甲酯的悬浮聚合

一、实验目的

1. 了解自由基聚合的基本原理和配方中各组分的作用。
2. 了解分散剂、升温速度、搅拌速度对悬浮聚合物粒径等的影响。
3. 掌握甲基丙烯酸甲酯悬浮聚合的实施方法。

二、实验原理

悬浮聚合是将溶有引发剂的单体在强烈搅拌和分散剂的作用下，以液滴状悬浮在水中而进行的聚合反应方法。悬浮聚合的体系组成主要包括难溶于水的单体、油溶性引发剂、水和分散剂四个基本组分。聚合反应在单体液滴中进行，从单个的单体液滴来看，其组成及聚合机理与本体聚合相同，因此又常称小珠本体聚合。若所生成的聚合物溶于单体，则得到的产物通常为透明、圆滑的小圆珠；若所生成的聚合物不溶于单体，则通常得到的是不透明、不规整的小粒子。

悬浮聚合反应的优点是由于有水作为分散介质，因而导热容易，聚合反应易控制，单体小液滴在聚合反应后转变为固体小珠，产物易分离处理，不需要额外的造粒工艺；缺点是聚合物中包含的少量分散剂难以除去，可能影响到聚合物的透明性、老化性能等。此外，聚合反应用水的后处理也是必须考虑的问题。悬浮聚合控制的关键包括良好的搅拌、合适的分散剂类型及用量，适宜的油水比（单体与水的体积比）。

本实验分别以聚乙烯醇和氯化镁与氢氧化钠为分散剂进行甲基丙烯酸甲酯的悬浮聚合。

$$n CH_3-\overset{\overset{\displaystyle CH_3}{|}}{\underset{\underset{\displaystyle COOCH_3}{|}}{C}} \longrightarrow \cdots(CH_2-\overset{\overset{\displaystyle CH_3}{|}}{\underset{\underset{\displaystyle COOCH_3}{|}}{C}})_n$$

三、实验仪器及试剂

1. 实验仪器

恒温水槽	1 套
电动搅拌器	1 套
冷凝管	1 支
温度计（100℃）	1 支
烧杯（1000mL，200mL，25mL）	各 1 只
量筒（10mL，25mL，100mL）	各 1 只

玻璃棒	1 根
抽滤装置	1 套

2. 实验试剂

甲基丙烯酸甲酯（MMA，新蒸）	12mL
过氧化二苯甲酰（BPO，重结晶）	0.12g
1%聚乙烯醇水溶液	2mL
氯化镁（$MgCl_2$）	1mol/L
氢氧化钠（NaOH）	1mol/L
蒸馏水	120mL

四、实验步骤

1. 取过氧化二苯甲酰 0.12g、甲基丙烯酸甲酯（MMA）12mL 于 25mL 烧杯中溶解备用。

2. 如图 2-1，在装有搅拌器、冷凝管和温度计的 250mL 三口烧瓶中依次加入 2mL 1% 的聚乙烯醇水溶液、40mL 蒸馏水，搅拌加热至 60℃，然后加入引发剂和甲基丙烯酸甲酯的混合溶液，用 20mL 水分两次洗涤盛单体的烧杯，均倒入三口烧瓶内。

3. 升温至 70℃，小心调节搅拌速率，观察单体液滴大小，调至合适液滴大小后，保持搅拌速率恒定，将反应温度升至 78℃，反应约 1.5h，用滴管吸取少量珠状物，冷却后观察是否变硬，若变硬，可减慢或停止搅拌，若珠状物全部沉积，可在缓慢搅拌下升温至 85℃ 继续反应 1 h，以使单体反应完全。

4. 反应结束，将产物抽滤，聚合物珠粒用水反复洗涤几次后，放在 60℃ 烘箱中烘至恒重，观察聚合物珠粒形状，称重，计算产率。

5. 于 250mL 三口烧瓶中依次加入 40mL 蒸馏水、1mol/L 氯化镁和 1mol/L 氢氧化钠各 4~5mL，水浴加热至 60℃，反应 5min，然后加入引发剂和甲基丙烯酸甲酯的混合溶液，用 20mL 水分两次洗涤盛单体的烧杯，均倒入三口烧瓶内。并重复以上操作。

五、思考题

1. 悬浮聚合成败的关键何在？
2. 如何控制聚合物粒度？
3. 试比较有机分散剂与无机分散剂的分散机理。
4. 聚合过程中油状单体变成黏稠状，最后变成硬的粒子的现象如何解释？

实验 7　苯乙烯的悬浮聚合

一、实验目的

1. 了解苯乙烯自由基聚合的基本原理以及悬浮聚合的原理。
2. 学习悬浮聚合的操作方法，了解配方中各组分的作用。
3. 通过对聚合物颗粒均匀性和大小的控制，了解分散剂、升温速率、搅拌形式与搅拌速率对悬浮聚合的重要性。

二、实验原理

苯乙烯是一种比较活泼的单体，容易进行聚合反应。苯乙烯在水中的溶解度很小，将其倒入水中，体系分成两层，进行搅拌时，在剪切力作用下，单体层分散成液滴，界面张力使液滴保持球形，而且界面张力越大，形成的液滴越大，因此在作用方向相反的搅拌剪切力和界面张力作用下，液滴达到一定的大小和分布。这种液滴在热力学上是不稳定的，当搅拌停止后，液滴将凝聚变大，最后再次与水分层，同时，聚合到一定程度以后的液滴中溶有黏性聚合物也可以使液滴相互黏结。因此，在悬浮聚合体系中还需要加入分散剂。

苯乙烯在水和分散剂作用下分散成液滴状，在油溶性引发剂过氧化二苯甲酰存在于液滴中引发进行自由基聚合，反应历程如下：

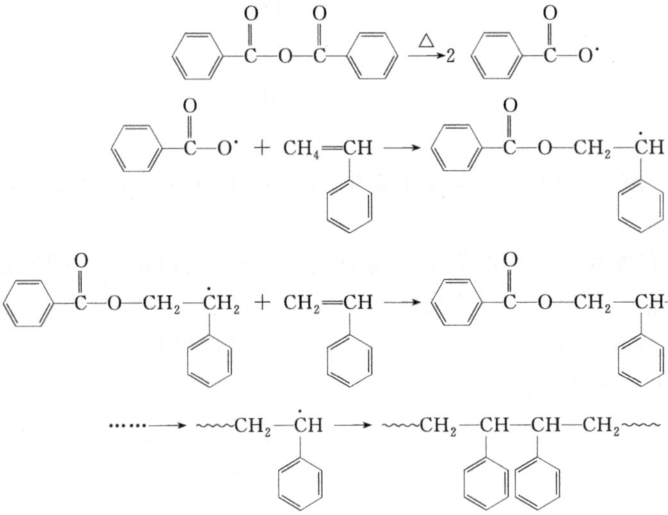

本实验要求聚合物具有一定的粒度，粒度的大小可以通过调节悬浮聚合的条件来实现。

三、实验仪器及试剂

1. 实验仪器

三口烧瓶（250mL）	1只
电动搅拌器	1套
回流冷凝管	1支
温度计（100℃）	1支
恒温水槽	1套
表面皿	1个
布氏漏斗	1只
抽滤瓶	1只
锥形瓶（100mL）	1只

2. 实验试剂

苯乙烯（除去阻聚剂）	15g
BPO（AR）	0.3g
聚乙烯醇（PVA，1.5％水溶液）	20mL
去离子水	130mL

四、实验步骤

1. 如图 2-1 所示，将冷凝管、温度计和搅拌装置安装于三口烧瓶上。

2. 取 0.3g 过氧化二苯甲酰和 15g 苯乙烯加入 100mL 锥形瓶中，轻轻振荡，待过氧化二苯甲酰完全溶解后，将其加入到三口瓶中。然后取 20mL 1.5％的聚乙烯醇溶液加入三口烧瓶,最后用 130mL 去离子水冲洗锥形瓶后加入三口烧瓶中。

3. 通冷凝水,启动搅拌器并控制在一恒定转速,在 20～30min 内将温度升至 85～90℃,开始聚合反应。在反应一个小时以后,体系中分散的颗粒变得发黏,此时一定要注意控制好搅拌速率。在反应后期可将温度升至反应温度上限,以加快反应,提高转化率。当反应 1.5～2h 后,可用吸管取少量颗粒于装有冷水的表面皿中进行观察,如颗粒变硬发脆,可结束反应。

4. 停止加热,一边搅拌一边用冷水将三口烧瓶冷却至室温,然后停止搅拌,取下三口烧瓶。产品用布氏漏斗过滤,并用热水洗涤数次。最后产品在 50℃ 干燥箱中烘干,称重,计算产率。

五、注意事项

1. 反应时搅拌要快、均匀,使单体能形成良好的珠状液滴。但是搅拌太快易生成沙粒状聚合物,搅拌太慢时,聚合物易产生结块,附着在反应器内壁或搅拌棒上。聚合过程中不宜随意改变搅拌速率。

2. 保温阶段是实验成败的关键阶段,此时聚合热逐渐放出,油滴开始变黏,易发生黏结,须密切注意温度和转速的变化。此时不能停止搅拌,否则颗粒将黏结成块。

3. 为了防止产物结团,可加入极少量的乳化剂以稳定颗粒。若反应中苯乙烯的转化率不够高,则在干燥过程中会出现小气泡,可利用在反应后期提高反应温度,并适当延长反应时间来解决。

六、思考题

1. 悬浮聚合成败的关键何在?

2. 如何控制聚合物粒度?

3. 分散剂的作用原理是什么?其用量大小对产物粒子有何影响?

4. 悬浮聚合对单体有何要求?聚合前单体应如何处理?

实验 8　苯乙烯的乳液聚合

一、实验目的

1. 通过苯乙烯乳液聚合,了解乳液和固体聚合物的制备方法。

2. 了解乳液聚合特点及操作方法。

3. 了解乳液聚合的原理及各组分的作用。

二、实验原理

聚苯乙烯树脂是一种无色透明的热塑性塑料,属无定形高分子聚合物,聚苯乙烯大分子链的侧基为苯环,大体积苯环侧基的无规排列决定了聚苯乙烯的物理化学性质,如透明度高、刚度大、玻璃化温度高、性脆等。主要分为通用级聚苯乙烯(GPPS、俗称透苯)、抗冲击级聚苯乙烯(HIPS、俗称改苯)和发泡级聚苯乙烯(EPS)。

乳液聚合是指将不溶或微溶于水的单体在强烈的机械搅拌及乳化剂的作用下与水形成乳状液,在水溶性引发剂的引发下进行的聚合反应。体系主要由单体、引发剂、乳化剂和分散介质组成。乳化剂是决定乳液聚合成败的关键,乳化剂分子是由非极性的烃基和极性基团两部分组成的,根据极性基团的性质可将乳化剂分为阴离子型、阳离子型、两性型和非离子型几类。乳液聚合与悬浮聚合有着相似之处,都是将油溶性单体分散在水中进行聚合反应,因而也具有导热容易、聚合反应温度容易控制的优点，但与悬浮聚合又有着显著的区别，在乳液聚合中，单体虽然同样是以单体液滴和单体增溶胶束形式分散在水中的，但是由于采用的是水溶性引发剂，因而聚合反应不是发生在单体液滴内，而是发生在增溶胶束内形成 M/P（单体/聚合物）乳胶粒，每一个 M/P 乳胶粒仅含有一个自由基，因而聚合反应速率主要决定于 M/P 乳胶粒的数目，也取决于乳化剂的浓度。由于胶束颗粒比悬浮聚合的单体液滴小得多，因而乳液聚合得到的聚合物粒子也比悬浮聚合的小得多。乳液聚合能在高聚合速率下获得高分子量的聚合产物，且聚合反应温度通常都较低，特别是如果用氧化还原引发剂时，聚合反应可在室温下进行。乳液聚合的不足之处在于聚合体系及后处理工艺复杂。

本实验采用最典型的乳液聚合配方：不溶于水的单体，溶于水的乳化剂和引发剂，且生成的聚合物可溶于单体中，故可视为理想的乳液聚合体系。反应历程如下：

三、实验仪器及试剂

1. 实验仪器

三口烧瓶	1 只
布氏漏斗	1 只
抽滤瓶	1 只
电动搅拌器	1 套
烧杯（400mL）	1 只

2. 实验试剂

苯乙烯（99.9%以上）	10g
十二烷基磺酸钠	0.3g
过硫酸铵	0.3g
去离子水	125mL
饱和 $CaCl_2$ 溶液	30mL

四、实验步骤

1. 根据实验装置图 2-1 装配好实验装置。向三口烧瓶中加入十二烷基磺酸钠 0.3g 和去离子水 125 mL，开动搅拌器并升温，直至十二烷基磺酸钠完全溶解。

2. 向烧瓶中再加入苯乙烯 10g 和过硫酸铵 0.3g，继续升温至 85～90℃进行反应，反应约 1.5h，反应结束后，停止加热。待冷却至 30～40℃时即可出料。

3. 产物可直接应用，也可经破乳后用固体产品。将物料倒入 400mL 烧杯中，边搅拌边加入 20～30mL 饱和 $CaCl_2$ 溶液，进行破乳直到无聚合物析出。凝聚物抽滤，并用热水冲洗 1～2 次，滤干，在 60℃ 下烘箱中烘干，称量并计算产率。

五、注意事项

1. 如果乳液发黄，可以考虑在体系中通入 N_2。

2. 产品的粒度与温度有关，当温度高时粒度小，温度低时粒度相对较大。

3. 在用过硫酸盐为引发剂时，由于过硫酸盐热分解产生 HSO_4^-，在非缓冲溶液中进行该反应时，会由于 HSO_4^- 离解出 H^+ 导致溶液的 pH 值降低，从而促进过硫酸盐的热分解反应，使得反应易出现凝胶。要保持碱性环境，一般可适量加入 $NaHCO_3$、焦磷酸钠、KOH 或 NaOH 等。

六、思考题

1. 苯乙烯单体除进行自由基型乳液聚合外，还可用何种方式进行聚合？

2. 乳液聚合与其它聚合方式有何显著区别？

3. 温度、乳化剂用量，引发剂用量对聚合速率、分子量等有何影响？

4. 若用自来水作介质，会有什么影响？

5. 还可用哪些试剂破乳？

实验 9　醋酸乙烯酯的乳液聚合

一、实验目的

1. 学习乳液聚合方法，制备聚醋酸乙烯酯乳液。

2. 了解乳液聚合机理及乳液聚合中各个组分的作用。

二、实验原理

醋酸乙烯酯胶乳可广泛应用于建筑、纺织和涂料等领域，主要作为胶黏剂、涂料使用，既要求具有较好的黏接性，而且要求黏度低，固含量高，乳液稳定。醋酸乙烯酯可进行本体聚合、溶液聚合、悬浮聚合和乳液聚合，作为涂料或胶黏剂时多采用乳液聚合。

本实验中用聚乙烯醇作为稳定剂，OP-10 作为乳化剂，过硫酸铵作为引发剂，进行自由基聚合，经过链的引发、增长、终止等基元反应，生成聚醋酸乙烯酯乳胶粒，所得的产物又称为"白胶漆"，可直接作为黏合剂使用，用来黏结木材、纸张和织物。聚合反应过程如下：

三、实验仪器及试剂

1. 实验仪器

电动搅拌器	1套
冷凝管	1支
温度计（100℃）	1支
四口烧瓶（250mL）	1只
烧杯（250mL）	1只
恒温水槽	1台

2. 实验试剂

聚乙烯醇	6g
乳化剂 OP-10	1g
醋酸乙烯酯	40g
过硫酸铵	1g
碳酸氢钠	5％
邻苯二甲酸二丁酯	10g
蒸馏水	100mL

四、实验步骤

1. 实验装置如图 9-1 所示。取 6g 聚乙烯醇、100mL 蒸馏水于装有搅拌器、温度计、回流冷凝管、恒压滴液漏斗的 250mL 的四口烧瓶中，搅拌，升温至 70℃ 左右，直至聚乙烯醇完全溶解为澄清溶液。另取 1g 过硫酸铵于 25mL 烧杯中，加 10mL 蒸馏水使其溶解备用。

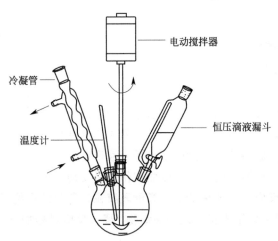

2. 向上述四口烧瓶中分别加入 1g 乳化剂 OP-10、20g 醋酸乙烯酯、约 5mL 过硫酸铵水溶液，保持反应温度在 65～70℃ 之间。

3. 用滴液漏斗将 40g 醋酸乙烯酯单体在约 0.5h 内加入到反应瓶中，反应过程中，由于引发剂的分解导致溶液呈酸性。若 pH 值小于 2，可用 5％ 碳酸氢钠溶液调节 pH 值至 4 左右。过硫酸铵水溶液可用滴管在冷凝管上端分次滴加。

图 9-1　醋酸乙烯酯的乳液聚合装置

4. 缓慢升温至 80～85℃，升温过程以不产生大量泡沫为准，反应至无单体回流时，撤去水浴，停止反应。当反应液冷却至 50℃ 时，加入 10g 邻苯二甲酸二丁酯，充分搅拌冷却至室温，出料。观察乳液外观，称取约 4g 乳液，放入烘箱于 90℃ 干燥，称取残留的固体质量，计算固含量。

5. 在 100mL 量筒中加入 10mL 乳液和 90mL 蒸馏水搅拌均匀后，静置一天，观察乳胶粒子的沉降量，以评价乳液的稳定性。

五、注意事项

1. 在滴加第一部分单体时，反应液温度应该控制在 70℃ 左右，缓慢滴加，不宜太快。

2. 第二部分单体的滴加速率应加以控制，也不宜太快，否则易喷料。

3. 升温时，注意观察体系中单体回流情况，若回流量过大时，应暂停升温或缓慢升温，因单体回流量大时易在气液界面发生聚合，导致结块。

六、思考题

1. 乳液聚合的基本配方由哪几个部分构成？本实验所采用的原料有哪些？各有什么作用？

2. 乳液聚合的优缺点有哪些？常用的乳化剂有哪些？

3. 要保持乳液体系的稳定，应采取什么措施？

实验 10　苯乙烯-顺丁烯二酸酐的交替共聚

一、实验目的

1. 了解苯乙烯、顺丁烯二酸酐交替共聚原理及共聚物的合成方法。

2. 了解自由基型溶液聚合的实施方法及聚合物分离方法。

3. 建立共聚合的概念。

二、实验原理

顺丁烯二酸酐由于空间位阻效应，在一般条件下不易均聚，而苯乙烯由于共轭效应易均聚，当上述两单体在一定的配料比引发剂和聚合条件下，即很易共聚，且共聚物具有规整的交替结构。这是由于二者的极性相差较大，即它们带有相反的电荷，很易生成一种电荷转移配合物，这种配合物可看成一个大单体，在自由基的引发下进行聚合，形成 1：1 的交替结构。

$$D \ + \ A \underset{}{\overset{K}{\rightleftharpoons}} [D{\rightarrow}A]$$
给电子体　受电子体　　配合物

$$n[D{\rightarrow}A] \overset{I}{\longrightarrow} [D{\rightarrow}A]_n$$

式中的给电子体 D，即苯乙烯，由于苯环的推电子作用，使 C=C 双键电子云密度增加而带部分负电荷，而受电子体 A 即顺丁烯二酸酐，由于带有两个很强的—CO—吸电子基团，使酸酐中 —C=C— 双键电子云密度降低，而带部分正电荷，二者所带电荷相反，由于静电作用很易形成过渡态的络合物。

此外，由 e 值和竞聚率也可以判定两种单体所形成的共聚物结构。乙烯带有强的供电子取代基，Q、e 值分别为 1.0、-0.8，顺丁烯二酸酐带有强的吸电子取代基，Q、e 值分别为 0.23、2.25，通常不易单独进行聚合反应，因此二单体之间容易发生共聚，从而产生交替共聚物。在 60℃时，苯乙烯（M_1）-顺丁烯二酸酐（M_2）的竞聚率分别为 0.01 和 0，由共聚组成微分方程可得：

$$\frac{d[M_1]}{d[M_2]} = 1 + r_1 \frac{[M_1]}{[M_2]}$$

当惰性单体顺丁烯二酸酐的用量远大于易均聚单体苯乙烯时，$r_1[M_1]/[M_2]$ 趋于零，共聚反应趋于生成理想的交替结构。

两单体的结构决定了所生成的交替共聚物，不溶于非极性或极性较小的溶剂，如四氯化碳、苯、甲苯等。而可溶于极性较强的四氢呋喃、二氧六环、二甲基甲酰胺、乙酸乙酯等，鉴于上述产物，可采用溶液聚合和沉淀聚合两种方法。大多数工业生产是采用以苯为溶剂的沉淀聚合，工艺简单、产率高、分子量高，但由于苯的毒性较大，造成对人身危害和环境污染较严重，若采用溶液聚合，聚合速率低，分子量小且后处理复杂。

本实验采用溶液聚合法制备乙烯-顺丁烯二酸酐共聚物，用乙酸乙酯作为溶剂，工业酒精作为沉淀剂，此法只适用于实验室制备。

三、实验仪器、药品和配方

1. 实验仪器

恒温水槽	1台
双口烧瓶（100mL）	1只
磨口三通活塞	1个
翻口橡皮塞	1个
温度计（100℃）	1支
注射器（1mL，15mL）	各1支
烧杯（100mL）	1只
双排管除水除氧系统	1套
布氏漏斗	1只
抽滤瓶	1只

2. 实验试剂

苯乙烯（除去阻聚剂，纯度＞99％）	0.6mL
顺丁烯二酸酐	0.5g
过氧化二苯甲酰（BPO）	0.05g
乙酸乙酯	15mL
工业酒精	约10mL

四、实验步骤

1. 称取1.0g顺丁烯二酸酐和0.1g BPO放入双口烧瓶中，一口盖上翻口塞，一口接双排管系统（图10-1，图10-2），抽真空，充氮气，并反复三次以除尽瓶内空气。

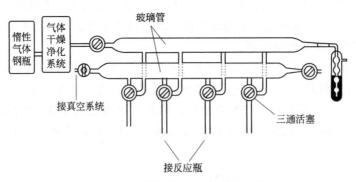

图10-1 双排管除氧除水系统示意图

2. 从双排管系统取下烧瓶，用注射器向烧瓶中分别加入苯乙烯0.6mL和乙酸乙酯15mL，充分摇匀后放入80℃恒温水浴，反应约1h，停止反应。

3. 将烧瓶置于冷于浴中冷至室温，将盖打开，瓶内溶液加入烧杯中，边搅拌边加入工业酒精，出现白色沉淀至聚合物全部析出为止。抽滤，晾干，称量，计算产率。

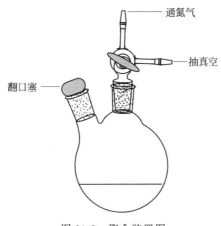

图 10-2　聚合装置图

$$产率\% = \frac{产物质量(克)}{苯乙烯物质的量(苯乙烯相对分子质量+顺酐相对分子质量)} \times 100\%$$

五、思考题

1. 说明苯乙烯-顺酐交替共聚的原理及共聚物结构式。

2. 如果苯乙烯、顺酐不是等摩尔投料，如何计算产率。

3. 比较沉淀聚合和溶液聚合的优缺点。

4. 分析产率不高的原因（产率低于 70% 的情况）。

第三单元　离子聚合与配位聚合

实验 11　苯乙烯的阳离子聚合

一、实验目的
1. 加深对阳离子聚合基本原理的认识和理解。
2. 掌握阳离子聚合的实验方法。
3. 学习阳离子型聚合中催化剂的作用原理。

二、实验原理

双键碳原子上带有较强给电子基团的某些烯类单体可以进行阳离子聚合。某些环醚，如环氧乙烷、环氧丙烷、四氢呋喃等也能进行阳离子聚合。在阳离子聚合中，链增长活性中心为阳离子。阳离子聚合的引发剂（催化剂）都是亲电试剂，引发方式有两种：一种是引发剂阳离子引发，另一种是电荷转移配合物引发。如 HCl、H_2SO_4、CF_2CO_2H 等都可以提供 H^+ 引发阳离子聚合，BF_2、$AlCl_2$、$SbCl_5$、$FeCl_3$ 等 Lewis 酸也可以作为阳离子聚合的催化剂，Lewis 酸是最常用的阳离子聚合引发剂。当聚合体系非常纯净、绝对无水的条件下，单用 Lewis 酸作催化剂，除乙烯基醚类单体外往往不发生聚合，只有在加入助剂后聚合才能发生。这是因为 Lewis 酸与助催化剂形成不稳定配合物，这种配合物进一步分解出烷基阳离子，产生真正的活性中心，引发单体聚合。可作助催化剂的化合物有水、醇、某些酸、醚和卤代烷等，催化剂与助剂的复合过程与分解过程如下：

$$BF_3 + HOH(R) \Longrightarrow [BF_3 \cdot HOH(R)] \Longrightarrow [BF_3OH(R)]^{\ominus} + H^{\oplus}$$

$$SnCl_4 + RCl \Longrightarrow [RSnCl_5] \Longrightarrow [SnCl_5]^{\ominus} + R^{\oplus}$$

某一催化剂选用不同的助催化剂，其催化活性是不同的，催化剂与助催化剂的比例不同对聚合速率和分子量也会产生影响。

在阳离子聚合过程中，容易发生重排，如 3-甲基-1-丁烯，在聚合过程中，每一步加成都可能发生仲碳正离子重排成更稳定的叔碳正离子。

$$-CH_2-CH- \longrightarrow -CH_2-CH_2-C(CH_3)_2-$$
$$\quad\quad\quad |$$
$$\quad HC(CH_3)_2$$

阳离子活性链由于不能发生双分子终止反应，比较容易发生链转移，反应形式多样，所以链转移是活性链终止的主要方式。在这个实验中，苯乙烯为单体，苯为溶剂，$BF_3O(C_2H_5)_2$ 为催化剂、单体及溶剂内少量的水为助催化剂进行阳离子聚合。

三、实验仪器及试剂

1. 实验仪器

双口烧瓶（100mL）	1只
烧杯（250mL）	1只
注射器（15mL）	2支
注射器（1mL）	1支
双排管系统	1套
布氏漏斗	1只
抽滤瓶	1只

2. 实验试剂

苯乙烯（St）	15mL
苯	12mL
三氟化硼乙醚 $[BF_3O(C_2H_5)_2]$	0.2mL
甲醇	150mL
纯氮（99.99%）	

注：所有试剂均经氢化钙干燥并减压蒸馏。

四、实验步骤

1. 干燥塔中装 4A 分子筛（500℃马富炉中活化），接入纯氮钢瓶。双排管（如图 10-1）一管接纯氮钢瓶干燥塔，一管接真空泵，另一端接洗净烘干的 100mL 聚合用烧瓶（如图 10-2）。抽真空、通氮气，反复三次以除尽烧瓶中的空气。

2. 从双排管系统取下烧瓶，用注射器往反应烧瓶依次加入 12mL 苯、15mL 苯乙烯、0.2mL $BF_3O(C_2H_5)_2$，轻轻摇动烧瓶使反应物混合均匀。由于反应速率较快，注意温度变化，当感到烧瓶有些烫手时，把烧瓶放入事先准备好的冷水中，不要把温度降得太低，要保持温度在 40℃左右，待反应平稳后，放置 1.5～2h，然后将聚合物溶液倒入装有 150mL 甲醇的烧杯中，一边搅拌一边慢慢倒出，注意不要把溶液溅到手上。用 5mL 苯冲洗烧瓶并倒入甲醇中，搅拌一段时间后，聚合物呈疏松状沉淀，用布氏漏斗抽滤，晾干后放入 70～80℃烘箱内烘 2h，称量，计算产率。

五、注意事项

1. $BF_3O(C_2H_5)_2$ 放久了有较深的颜色，要重新蒸馏，收集 124～126℃的馏分。

2. 当室温在 20℃时，加入催化剂后，很快就发生反应，温度上升得很快。由于是密闭体系，不要让温度升得太高，以免发生危险，当感到有些烫手时，把烧瓶放入冷水中浸一会，然后再拿出来。在夏天做这个实验，由于气温高，反应会更激烈，当把溶剂和单体放入烧瓶后，烧瓶应在冰水中降温，当温度降到低于 20℃时，再加入催化剂。

3. $BF_3O(C_2H_5)_2$ 有剧毒，遇水后会分解出 HF，搅拌时不要把溶液溅到手上。

4. 有时通过搅拌聚合物仍不能成为疏松状沉淀，可将黏稠状物转入烧瓶中，加入甲醇后盖紧塞子，用力反复振荡。经反复振荡后若还有黏稠状物存在，可先将已经形成的疏松沉淀倒出，再加入一定量的甲醇继续振荡，直至全部形成疏松沉淀。

六、思考题

1. 为什么催化剂与助催化剂比例不当，会浪费催化剂？

2. 阳离子聚合反应有什么特点？反应中影响产物聚合度的因素有哪些？

3. 阳离子聚合为什么必须在低温下进行？

实验 12　丙烯腈的阴离子聚合

一、实验目的

1. 加深对阴离聚合原理和特点的理解。

2. 掌握甲醇钠引发丙烯腈阴离子聚合的方法。

二、实验原理

阴离子聚合的单体包括带吸电子取代基的乙烯基单体、羰基化合物和杂环化合物。阴离子聚合根据引发剂种类的不同，反应的具体实施有所差别。

① 以碱金属为引发剂时，为增加碱金属颗粒的比表面积，在聚合过程中通常先把金属与惰性溶剂加热到金属的熔点以上，剧烈搅拌，然后冷却得到金属微粒，再加入聚合体系，属非均相引发体系。

② 以碱金属与不饱和或芳香化合物的复合物为引发剂时，以萘钠为例，先将金属钠与萘在惰性溶剂中反应后形成配合物，再加入聚合体系引发聚合反应，属均相引发体系。

③ 阴离子加成引发，包括金属氨基化合物（$MtNH_2$）、醇盐（$RO-$）、酚盐（$PhO-$）、有机金属化合物（MtR）、格氏试剂（$RMgX$）等。一般先合成引发剂再加入反应体系中，如醇（酚）盐一般先让金属与醇（酚）反应制得醇（酚）盐，然后再加入聚合体系引发聚合反应。

本实验以甲醇钠为引发剂引发丙烯腈的阴离子聚合。

甲醇钠的制备：

$$2CH_3OH + 2Na \longrightarrow 2CH_3ONa + H_2$$

丙烯腈聚合：

$$CH_3ONa \underset{}{\overset{离解}{\rightleftharpoons}} CH_3O^- Na^+$$

$$CH_3O^- Na^+ + \underset{\underset{CN}{|}}{H_2C=CH} \longrightarrow CH_3O-CH_2\underset{\underset{CN}{|}}{CH^-} Na^+ \overset{nAN}{\longrightarrow}$$

$$CH_3O-(CH_2CH)_n-CH_2\underset{\underset{CN}{|}}{\underset{\underset{CN}{|}}{CH^-}} Na^+ \overset{终止}{\longrightarrow} 聚合物$$

三、实验仪器及试剂

1. 实验仪器

锥形瓶（50mL）	1只
双颈圆底烧瓶（50 mL）	1只
回流冷凝管	1支
磨口三通活塞	1个
恒温磁力搅拌器	1套
恒温油浴	1套
冰盐浴	1套
布氏漏斗	1只
抽滤瓶	1只
注射器（1mL，5mL，20mL）	各1支

2. 实验试剂

无水甲醇	25mL
95％乙醇	5mL
金属钠	2g
丙烯腈（新蒸）	5mL
石油醚	20mL
甲苯	4mL

四、实验步骤

1. 甲醇钠制备

如图 12-1 安装好反应装置，反复抽真空，充氮气数次，用注射器加入 25mL 无水甲醇，在氮气保护下，加入切成小块的金属钠 2g（用滤纸吸干上面的煤油），加热升温至 65℃，回流反应 1h，停止加热，便得到无色的甲醇钠溶液，密封备用。

2. 丙烯腈的聚合

① 在一带有翻口塞、磁力搅拌子的 50mL 锥形瓶中，加入 20mL 无水石油醚，并开动搅拌器，用注射器加入丙烯腈单体 5mL，然后将锥形瓶放置在冰盐浴中，并保持冰盐浴的温度在－10℃以下。

② 用注射器加入以上制备的甲醇钠溶液 1mL，观察反应，反应约 45min 后，加入 5mL 乙醇，继续搅拌 10 min 终止反应。

③ 将产物抽滤，用少量乙醇洗涤，再用水洗至中性，干燥后称量，计算产率。

五、思考题

1. 试讨论本实验中的丙烯腈聚合是否为活性聚合。

2. 如果实验中除氧、除水不够彻底，对反应会有什么影响？

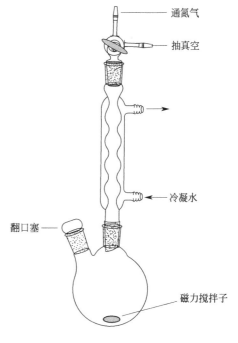

通氮气

抽真空

冷凝水

翻口塞

磁力搅拌子

图 12-1　甲醇钠制备反应装置

实验 13　苯乙烯的配位聚合

一、实验目的

1. 了解 Ziegler-Natta 催化剂的组成、性质、催化原理。

2. 掌握无水低温操作技术。

二、实验原理

配位聚合又称齐格勒（-纳塔型）聚合或插入聚合。单体分子首先在活性种的空位处配位，形成某些形式（σ-π）的配位配合物，随后单体分子插入过渡金属（Mt）-碳（C）链中增长形成大分子。这种聚合本质上是单体对增长链 Mt-R 键的插入反应，所以又称为插入聚合。单体在配位过程中具有立体定向性，所以聚合产物多具有立构规整性。配位聚合具有以下特点：活性中心是阴离子性质的，因此可称为配位阴离子聚合；单体 π 电子进入缺电子金属空轨道，配位形成 π 配合物；π 配合物进一步形成四圆环过渡态；单体插入金属-碳键完成链增长，可形成立构规整聚合物。

Ziegler-Natta 催化剂是由周期表中第ⅣB～第Ⅷ族的过渡金属氯化物和第Ⅰ～第ⅢA 族的有机金属化合物两种组分组成。其中，第一组分是过渡金属化合物，通常是卤化物，称为主催化剂。过渡金属的负电性需要在 1.7 以下，以 Ti、V、Cr、Zr 为佳，最常用的是 Ti，诸如 $TiCl_4$、$TiCl_3$。第二组分为有机金属化合物，又称助催化剂，金属的负电性通常在 1.5 以下，以原子或离子半径较小者为佳，如 Be、Al、Zn 等，工业上常用的烷基铝，如 $AlEt_3$、$Al(i-Bu)_3$、$AlEt_2Cl$ 等。Ziegler-Natta 催化剂能使 α-烯烃、共轭双烯烃及某些带极性基团的单体在较低压力和温度下进行定向聚合。

本实验以四氯化钛-三异丁基铝为催化剂进行苯乙烯的定向聚合。

三、实验仪器及试剂

1. 实验仪器

四口烧瓶	1 只
搅拌器	1 套
恒压滴液漏斗	2 支
注射器（10mL）	1 支
注射器（0.5mL）	1 支
真空抽排体系	1 套
布氏漏斗	1 只
抽滤瓶	1 只

2. 实验试剂

苯乙烯	100mL
四氯化钛	0.13mL
三异丁基铝	1.8mL
正庚烷	60mL
丙酮	200mL
甲醇	70mL
丙酮溶液（含 2% HCl）	200mL

四、实验步骤

1. 所用仪器均经充分干燥，如图 13-1 安装好装置（注意搅拌器的密封），通氮气、抽真空反复三次以除去体系中的空气。

2. 在通氮气的情况下，用注射器向烧瓶中加入 10mL 无水正庚烷及 0.13mL 四氯化钛。用干冰-丙酮将烧瓶内的溶液冷却到 −50℃ 以下，通过恒压滴液漏斗滴加 1.8mL 三异丁基铝及 50mL 无水正庚烷配成的溶液，约 20min 滴加完毕。当温度降至 −65℃ 以下，撤去冷浴，使其自然升至室温，在室温下继续搅拌 30min，即完成配位聚合催化剂的制备。

3. 通过另一支恒压滴液漏斗向烧瓶中滴加 100mL 苯乙烯，约 30min 滴完，体系迅速变红而且颜色不断加深，最终变为棕色，此时再升温至

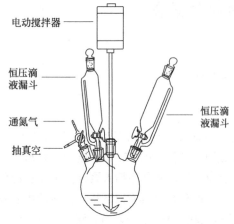

电动搅拌器

恒压滴液漏斗

通氮气

抽真空

恒压滴液漏斗

图 13-1　苯乙烯的配位聚合实验装置

50℃并维持 3h。

4. 除去热源，关闭氮气，缓慢滴加 70mL 甲醇以分解催化剂，滴完后继续搅拌 20min，抽滤。

5. 将固体产物用 200mL 含 2% HCl 的丙酮溶液洗涤，然后再用布氏漏斗过滤，滤液浓缩后缓慢倒入甲醇中，析出沉淀。过滤，沉淀用蒸馏水洗涤，在 60℃ 真空干燥箱中烘干，称量，计算产率。

五、注意事项

1. 苯乙烯在使用前需要蒸馏。

2. 正庚烷用金属钠干燥，精制的正庚烷应置于干燥器中或压入钠丝存放。

3. 因先加入的四氯化钛溶液量太少，为保证搅拌效果，应当采用新月型搅拌叶片，并尽量接近瓶底。

4. 将聚合物在索氏提取器中用丁酮提取，可以分离出无定形部分，并测得其定向度。

六、思考题

1. 反应体系及使用的试剂为什么要充分干燥？

2. 简述反应物颜色变深的原因。

3. 为什么要用丙酮-HCl 溶液洗涤聚合液？

第四单元 开 环 聚 合

实验 14 己内酰胺的水解开环聚合

一、实验目的

1. 熟悉开环聚合反应的原理和特点。
2. 掌握水溶液开环聚合制备尼龙-6 的方法。

二、实验原理

对于环酰胺单体，开环聚合研究最多的是己内酰胺。己内酰胺分子的酰胺键为顺式构型，两分子之间形成氢键，因而在无水存在下不能发生聚合反应。当有 0.1%～10% 的水或可生成水的物质（如醇酸）存在下可进行开环聚合，这种聚合过程叫水解聚合。水解聚合是在 250～270℃下，采用间歇或连续操作，经 12～24h，可制得聚合物。其聚合反应简式可表示为：

$$n \left[\begin{array}{c} (CH_2)_5 \\ C \quad N \\ \parallel \quad \vert \\ O \quad H \end{array} \right] + n\,H_2O \longrightarrow HO \begin{array}{c} O \\ \parallel \\ C \end{array} (CH_2)_5 \begin{array}{c} H \\ \vert \\ N \end{array}_n H$$

实际上此过程非常复杂，它包括开环、缩聚、加聚、交换、裂解等不同反应和互相作用，最后达到水、单体、环状齐聚物及线型链式分子各级分与聚合体之间一个总的平衡体系。因为己内酰胺为七元环，在聚合过程中，聚合成链式分子或缩合成环状分子都可能发生，仅是概率不同。所以反应条件不同，就会影响在反应平衡时的各组分的比例和反应速度。

环酰胺开环聚合尽管较复杂，但主要由三种平衡反应所组成，即开环、缩合和加成。己内酰胺首先水解开环成 ω-氨基己酸，此水解速率与水的浓度和水解条件有关。继而 ω-氨基酸自身缩合，此反应占的比例较小。主要是加成反应，即己内酰胺加成到线型分子链的末端，进而是线型分子之间的缩合反应，此反应消耗端基且放出水，在线型分子达到一定聚合度时，主要是酰胺基间的交换反应而改变聚合物的相对分子质量分布。由于聚合过程和最后产物的性质均受此三个平衡反应的影响，而调节一定的聚合度是保证产品性能的重要方法。一般采用保持聚合体系中一定的水的浓度或加入带有羧基或氨基的化合物，以改变聚合体系的官能团比例来达到调节相对分子质量的目的。

水解聚合开始可以看成是无催化反应过程。其引发增长反应可用下式表示：

$$\left[\begin{array}{c} (CH_2)_5 \\ N \quad C \\ \vert \quad \parallel \\ H \quad O \end{array} \right] + H_2O \rightleftharpoons H_2N(CH_2)_5COOH$$

再通过氨基酸自身的逐步聚合或通过氨基酸中的氮原子对环酰胺羰基的亲核进攻而开环聚合：

$$n\,H_2N(CH_2)_5COOH \rightleftharpoons H \begin{array}{c} H \\ \vert \\ N \end{array} (CH_2)_5 \begin{array}{c} O \\ \parallel \\ C \end{array}_n OH + (n-1)H_2O$$

$$H_2N(CH_2)_5COOH + \underset{\substack{|\\H}}{\overset{(CH_2)_5}{\underset{O}{N-C}}} \longrightarrow H-[N(H)-(CH_2)_5-C(O)]_2-OH$$

以同样的方式可以进行链增长。一旦生成 ω-氨基己酸后，就可以看成自动催化过程，聚合反应则是酸催化机理，增长反应就可以认为是环酰胺被质子化形成质子化的环酰胺：

$$\overset{(CH_2)_5}{\underset{O}{C-N(H)}} \underset{H^+}{\rightleftharpoons} \overset{(CH_2)_5}{\underset{O}{C-\overset{\oplus}{N}(H_2)}}$$

增长链末端氨基对质子化的环酰胺进行亲核进攻而形成铵离子（类似于阳离子聚合作用而进行链增长）：

$$\sim\sim NH_2 + \overset{(CH_2)_5}{\underset{O}{C-\overset{\oplus}{N}(H_2)}} \rightleftharpoons \sim\sim N(H)-C(O)-(CH_2)_5-\overset{\oplus}{N}H_3$$

$$\sim\sim N(H)-C(O)-(CH_2)_5-\overset{\oplus}{N}H_3 + \overset{(CH_2)_5}{\underset{O}{C-N(H)}} \longrightarrow$$

$$\sim\sim N(H)-C(O)-(CH_2)_5NH_2 + \overset{(CH_2)_5}{\underset{O}{C-\overset{\oplus}{N}(H_2)}}$$

三、实验仪器及试剂

1. 实验仪器

三口烧瓶（100mL）	1 只
搅拌器	1 套
直形冷凝管	1 支
真空体系	1 套
通氮体系	1 套
烧杯（100mL）	1 只
温度计（100℃）	1 支
Y 形管	1 支

2. 实验试剂

己内酰胺	18g
ω-氨基己酸	2g

四、实验步骤

1. 实验装置如图 14-1 所示，在 100mL 三口烧瓶上装配搅拌器、温度计、导气管和直形冷凝管，反复抽真空、充氮气三次以除去烧瓶中的空气。

2. 在通氮气的条件下，往烧瓶中加入 18g 己内酰胺（环己烷重结晶两次，并于室温下经 P_2O_5 真空干燥 48h）和 2g ω-氨基己酸，开动搅拌器，缓慢升温至 250℃后反应 5h，生成无色的高黏度熔融物，用玻璃棒蘸取少量聚合物，可以拉出长丝。

3. 趁聚合物尚处于熔融状态，迅速将产物倒入烧杯中冷却。所得尼龙-6 中含有少量的环状低聚物，可以用热水萃取除去。

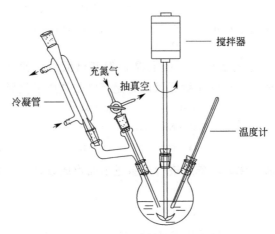

图 14-1　己内酰胺的水解开环聚合装置图

五、思考题

1. 本实验为水溶液聚合，为什么实验中没有加入水？
2. 反应中加入 ω-氨基己酸的作用是什么？

实验 15　己内酰胺的阴离子开环聚合

一、实验目的

1. 熟悉开环聚合反应的原理和特点。
2. 掌握阴离子开环聚合制备尼龙-6 的方法。

二、实验原理

在强碱存在下环酰胺可形成阴离子，碱使环酰胺很快聚合，可生成相对分子质量高达 10 万以上的聚合物。这种阴离子开环聚合，由于聚合速率快，又称为快速聚合，此法已用于浇铸尼龙的生产。

环酰胺阴离子聚合的引发剂有碱金属、碱金属的氢化物、碱金属的氢氧化物、碱金属的酰胺化物以及有机金属化合物等，可以使环酰胺形成环酰胺阴离子。为了提高聚酰胺的阴离子聚合速率，除加入引发剂外，还要加入一些活化剂，如酰氯、异氰酸酯等。活化剂不仅决定第一个酰胺分子加入的速率，同时还影响整个聚合过程。由于活化剂残基结合到聚合物链的末端，影响聚合过程中的碱度，从而降低了环酰胺阴离子的浓度，使聚合速率降低。活性较强的环酰胺如己内酰胺，用碱和活化剂酰氯的引发体系进行阴离子开环聚合，不但无诱导期，还可以加快反应速率，使之在较低温度下进行聚合。

己内酰胺同酰氯等活化剂反应很快地形成 N-酰化己内酰胺：

$$\boxed{\begin{array}{c}(CH_2)_5 \\ C-N \\ \| \quad | \\ O \quad H\end{array}} \xrightarrow{RCOCl} \boxed{\begin{array}{c}(CH_2)_5 \\ C-N \\ \| \quad | \\ O \quad C-R \\ \qquad \| \\ \qquad O\end{array}}$$

此种 N-酰化己内酰胺加入到反应体系中，开始下列反应：

(1) 链引发

$$\underset{\substack{| \\ O}}{\overset{(CH_2)_5}{\underset{}{C-N}}}H + MOH \longrightarrow \underset{\substack{| \\ O}}{\overset{(CH_2)_5}{\underset{}{C-N}}}\overset{\ominus}{\underset{M^{\oplus}}{}} + H_2O$$

$$\underset{\substack{| \\ O}}{\overset{(CH_2)_5}{\underset{}{C-N}}}\underset{\substack{| \\ O}}{C-R} + \underset{\substack{| \\ O}}{\overset{(CH_2)_5}{\underset{}{C-N}}}\overset{\ominus}{\underset{M^{\oplus}}{}} \longrightarrow \underset{\substack{| \\ O}}{\overset{(CH_2)_5}{\underset{}{C-N}}}\underset{\substack{| \\ O}}{C-(CH_2)_5}\overset{M^{\oplus}}{\underset{}{N-C-R}}$$

（2）链增长

$$\underset{\substack{| \\ O}}{\overset{(CH_2)_5}{\underset{}{C-N}}}\underset{\substack{| \\ O}}{C-(CH_2)_5}\overset{M^{\oplus}}{\underset{}{N-C-R}} + \underset{\substack{| \\ O}}{\overset{(CH_2)_5}{\underset{}{C-N}}}H \longrightarrow \underset{\substack{| \\ O}}{\overset{(CH_2)_5}{\underset{}{C-N}}}\underset{\substack{| \\ O}}{C-(CH_2)_5}\underset{H}{N}-(CH_2)_5\overset{M^{\oplus}}{\underset{}{N-C-R}}$$

三、实验仪器及试剂

1. 实验仪器

双口烧瓶（50mL）	1 只
真空体系	1 套
通氮体系	1 套
电热套	1 台

2. 实验试剂

己内酰胺	15g
金属钠	0.1g
二甲苯	5mL

四、实验步骤

1. 在一个 50mL 双口烧瓶上一口接玻璃套管，另一口塞上橡皮塞，反复抽真空、充氮气三次以除去烧瓶中的空气。

2. 在氮气流下加入 15g 己内酰胺，将烧瓶加热到 $80 \sim 100℃$，使其熔融，然后向熔融的己内酰胺中加入分散在二甲苯中的金属钠（0.1g 金属分散在 5mL 二甲苯中形成细粒）。将玻璃毛细管直插瓶底，缓慢通入氮气，另一口改接干燥管（如图 15-1），并将烧瓶温度加至 $255 \sim 265℃$。聚合反应即自行开始，约在 5min 内完成，聚合过程可通过估计氮气泡经黏稠的溶液的上升速率来进行观察。

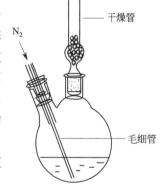

图 15-1　己内酰胺的
阴离子开环聚合

3. 把聚酰胺熔体迅速倒入烧杯中冷却。如果聚合物在反应温度下保持时间过长，则链降解会比较明显。

五、思考题

1. 比较己内酰胺开环聚合的两种方式有什么不同。

2. 根据己内酰胺阴离子聚合的特点提出新的实验方案，以便能在较低的温度下进行聚合。

第五单元　聚合动力学

实验16　苯乙烯本体聚合及其反应速率的测定

一、实验目的

1. 掌握膨胀计的使用方法和原理。
2. 掌握膨胀计法测定聚合反应速率。

二、实验原理

动力学研究的意义在于它能确定反应各参数之间的定量关系，为有效控制生产过程以及化工设计等提供科学依据。同时，也可作为鉴定新催化剂、新工艺、探明反应机理等的有效手段。因为动力学研究要求定量描述，因此对原材料的纯度、温度以及各种操作条件的控制都非常严格。要求尽可能消除黏度、传质、传热等各种因素的影响，对实验室中进行的微观动力学研究来说，就是用量要少，转化率要低（一般低于10％），测定要准确。

在动力学研究中，最重要的任务就是测定聚合速率，即测定不同反应时间的聚合转化率。测定聚合速率的方法有许多，使用得最多而且简单又精确的方法是膨胀计法。其基本原理是：烯类单体经加聚反应生成聚合物后，从分子之间的范德瓦尔斯作用半径变为共价半径，因而比容减小及体积收缩。一般烯类单体聚合成聚合物后，体积收缩可达10％～30％。体系的体积收缩与单体的转化率有一定的比例关系，利用这一关系测定聚合体系体积随时间的变化就可以很方便地算出聚合速率。应用膨胀计法测定聚合反应速率只适用于测量转化率在10％以内的聚合反应速率。因为只有在稳态阶段（此阶段的转化率一般在10％以内），浓度变化与体积收缩呈线性关系，才能求取平均速率。超过此阶段，体系黏度增大，导致自动加速效应。所计算的速率已不是体系的真实速率，而且膨胀计毛细管弯月面的粘附也会导致较大误差。

1. 反应速率

由自由基加聚反应的机理及动力学可知：

$$R_p = -\frac{\mathrm{d}[M]}{\mathrm{d}t} = k[I]^{\frac{1}{2}}[M]$$

在转化率低的情况下，可假定引发剂浓度基本不变，则有下式：

$$R_p = -\frac{\mathrm{d}[M]}{\mathrm{d}t} = k[M]$$

积分得：$\ln \dfrac{[M]_0}{[M]} = kt$

式中，$[M]_0$ 为起始单体浓度；$[M]$ 为 t 时刻单体浓度；k 为常数。

反应至 t 时刻，体系中单体的浓度为：

$$[M] = [M]_0 - \frac{\Delta V}{V}[M]_0 = [M]_0\left(1 - \frac{\Delta V}{V}\right)$$

即
$$\ln \frac{1}{1-\dfrac{\Delta V}{V}} = \ln \frac{[M]_0}{[M]} = kt$$

式中，ΔV 为聚合反应在 t 时刻单体的体积变化；V 为 100%聚合时的体积变化。

由于 V 对固定量单位来说是一恒定值，因此用膨胀计法测出不同时间反应物的体积变化值 ΔV，就可以算出 $\ln \dfrac{1}{1-\dfrac{\Delta V}{V}}$，对 t 作图应得直线，从而可验证聚合速率与单体浓度间的动力学关系式，同时也可按下式计算平均聚合速率：

$$R_p = -\frac{\Delta[M]}{\Delta t} = \frac{[M]_0 - [M]}{\Delta t} = \frac{\Delta V}{V \Delta t}[M]_0$$

由于转化率
$$P = \frac{\Delta V}{V}$$

所以
$$R_p = -\frac{\mathrm{d}[M]}{\mathrm{d}t} = \frac{\Delta V}{V \Delta t}[M]_0 = \frac{\mathrm{d}P}{\mathrm{d}t}[M]_0$$

2. 反应级数

（1）聚合速率对单体浓度的反应级数 在聚合初期，转化率不高（<10%）时，引发剂的用量消耗很少，可以认为引发剂的浓度等于引发剂的起始浓度，这时聚合速率仅随单体的浓度 $[M]$ 而变化：

$$R_p = -\frac{\mathrm{d}[M]}{\mathrm{d}t} = k[M]^\alpha$$

先假定 R_p 对 $[M]$ 的反应级数 $\alpha = 1$，则 $\ln \dfrac{[M]_0}{[M]} = kt$

由于单体转化率
$$P = 1 - \frac{[M]}{[M]_0}$$
即
$$-\ln(1-P) = kt$$

以 $-\ln(1-P)$ 对时间 t 作图，如得一条直线，即可证明聚合物速率对单体浓度的反应级数 $\alpha = 1$。

（2）聚合速率对引发剂浓度的反应级数 如果仅改变引发剂的用量，分别测定它们的初期聚合速率，因为聚合初期单体浓度等其它条件都可以近似认为没有变化，就可以建立起聚合速率与引发剂浓度的单调函数：

$$R_p = -\frac{\mathrm{d}[M]}{\mathrm{d}t} = k[I]^\beta$$

取对数：
$$\ln R_p = \ln k + \beta \ln[I]$$

以 $\ln R_p$ 对 $\ln[I]$ 作图，可得一条直线，直线的斜率 β 就是聚合速率对引发剂浓度的反应级数。

应该注意的是：温度变化也会引起体系体积的变化，从而干扰测定的结果。因此，膨胀计测定应该在严格的恒温的条件下（温差<±0.1℃）进行。另外，传热的影响要尽可能消除，如采用体积小或加搅拌的膨胀计，控制在低转化率，聚合速率尽可能放慢一些等。

三、实验仪器及试剂

1. 实验仪器

膨胀计   1 支

恒温水槽   1 台

称表	1只
聚合瓶	1只

2. 实验试剂

苯乙烯（新蒸馏）	10g
偶氮二异丁腈（AIBN，新精制）	0.05g

四、实验步骤

1. 安装恒温水浴，并开启加热，调节水浴温度为 60℃。

2. 称取 50mg AIBN 于洗净烘干的小烧杯中，加入 10g 苯乙烯使引发剂全部溶解。

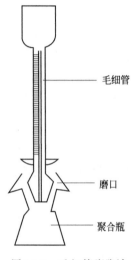

图 16-1　毛细管膨胀计

3. 取一干净、烘干的已校准过体积（V_0）的膨胀计，在膨胀计毛细管的磨口处小心涂一些真空脂（从磨口沿下 1/3 处），将毛细管口与聚合瓶旋转配合，检查是否严密，防止泄漏（如图 16-1）。

4. 将上述小烧杯中的溶液加入到膨胀计中，注意不要将磨口处的真空脂冲入单体中，再将毛细管垂直对准聚合瓶，平稳、迅速插入，使毛细管中充满单体溶液，然后仔细检查聚合瓶和毛细管的液体内是否有气泡。如有气泡，必须取下毛细管的磨口重新插入，如没有气泡即可用橡皮筋固定好，用滤纸将膨胀计上溢出的单体吸干。

5. 将膨胀计放入恒温 60℃ 的水浴中，水面在磨口上沿以下。由于单体受热体积膨胀而使得毛细管液面上升，当液面稳定不动时，达到了热平衡，记下此时液面高度 h_0，当液面开始下降时表示聚合反应开始，记下时间 t_0，每隔 5min 左右记录一次液柱高度，约 1h 后结束。

6. 取出膨胀计，将其中溶液倒入回收瓶中，用甲苯仔细清洗干净后，再用少量丙酮清洗两次，放入烘箱中干燥。

五、实验数据记录及处理 （见表 16-1）

表 16-1　聚合反应数据记录及动力学处理

时间/min	刻度 h/cm	ΔV	$P = \Delta V/V$	$\ln[V/(V-\Delta V)]$
0				
5				
10				
15				
20				
25				
30				
35				
40				
45				

时间/min	刻度 h/cm	ΔV	$P = \Delta V / V$	$\ln[V/(V-\Delta V)]$
50				
55				
60				

① 转化率 P 对时间 t 作图，分析所得的曲线结果如何？如果曲线有转折点，即可将转折点两边直线外延，交点处即为自动加速效应起点，读出该点对应的时间与转化率。

② 聚合速率 R_p

由 $R_p = -\dfrac{\mathrm{d}[M]}{\mathrm{d}t} = \dfrac{\Delta V}{V_t \Delta t}[M]_0 = \dfrac{\mathrm{d}P}{\mathrm{d}t}[M]_0$ 可知，对 P-t 作图所得曲线作切线，各点切线的斜率即该时间的速率 $\mathrm{d}P/\mathrm{d}t$，在低转化率阶段，P-t 图基本呈直线，直线斜率即为聚合速率反应速率 R_p。

③ 反应级数

由 $-\ln(1-P) = kt$，

以 $-\ln(1-P)$ 对时间 t 作图，如得一条直线，即可证明聚合物速率对单体浓度的反应级数 $\alpha = 1$。

由 $\ln R_p = \ln k + \beta \ln[I]$，

以 $\ln R_p$ 对 $\ln[I]$ 作图，可得一条直线，直线的斜率 β 就是聚合速率对引发剂浓度的反应级数。

六、思考题

1. 对所得到的各个图形与结果进行讨论，并分析影响因素。

2. 用膨胀计测聚合速率利用的是什么原理？它与沉淀法相比有哪些优点？

3. 为什么各动力学数据测定都限定在低转化率时期？

实验 17　苯乙烯与丙烯腈的自由基共聚及其竞聚率的测定

一、实验目的

1. 通过苯乙烯和丙烯腈的自由基共聚实验，了解单体浓度对聚合反应速度的影响。

2. 掌握苯乙烯和丙烯腈的自由基共聚方法，学习竞聚率的测定方法。

二、实验原理

由两种或两种以上单体通过共同聚合而得到的聚合物称为共聚物。依不同单体形成的不同结构在大分子链上的排布情况（序列结构），共聚物可分为无规共聚物、嵌段共聚物、交替共聚物和接枝共聚物四类，如从立体结构看，当单体以不同的立体规整状态嵌段聚合而成则称为立体规整嵌段共聚物。共聚物在物理性质上与同种单体的均聚物有较大不同，其差异很大程度上依赖于共聚物的组成及序列结构。一般说来，无规共聚物或交替共聚物的性质在同种单体均聚物性质之间，而嵌段或接枝共聚物则具有同种均聚的性质。

共聚物的组成是由单体浓度和单体的竞聚率决定的。竞聚率 r_1 和 r_2 为同系链增长反应速率常数与交叉链增长反应速率常数之比，是反映某一单体对共聚合行为的重要参数。共聚物组成的微分方程为

$$\frac{d[M_1]}{d[M_2]} = \frac{[M_1]}{[M_2]} \cdot \frac{r_1[M_1]+[M_2]}{r_2[M_2]+[M_1]}$$

式中，$d[M_1]$、$d[M_2]$ 为共聚物中单体单元的瞬时组成，$[M_1]$、$[M_2]$ 为共聚体系中两单体的瞬时组成。当低转率（<10%）时，$[M_1]$、$[M_2]$ 可近似地被认为是两种单体的起始浓度，此时分离出的共聚物的组成比就是 $d[M_1]/d[M_2]$。

令 $d[M_1]/d[M_2]=\rho$，$[M_1]/[M_2]=R$，则有

$$R - \frac{R}{\rho} = \frac{R^2}{\rho}r_1 - r_2$$

取若干不同的原料配比进行共聚合反应，由相应的 R 值和对产物分析所得的 ρ 值，作出 $\left(R-\dfrac{R}{\rho}\right)-\dfrac{R^2}{\rho}$ 图，可得一直线，其斜率为 r_1，截距为 r_2。聚合物的组成可由元素分析、红外、紫外和核磁共振等测试手段分析而得。

三、实验仪器及试剂

1. 实验仪器

安瓿瓶	4 只
烧杯（50mL）	4 只
烧杯（250mL）	1 只
恒温水槽	1 套
布氏漏斗	1 只
抽滤瓶	1 只

2. 实验试剂

苯乙烯	2.08～8.32g
丙烯腈	3.18～6.36g
过氧化二苯甲酰	0.13g
丙酮	10mL
无水乙醇	100mL

四、实验步骤

1. 取四个干净的 50mL 烧杯，编号为 1，2，3，4，分别向其中加入 0.13g 过氧化二苯甲酰，按表中投料组成准确称取单体分别加入对应的编号的烧杯中，搅拌使引发剂全部溶解，见表 17-1。

表 17-1 苯乙烯/丙烯腈共聚合单体投料组成

样品编号	苯乙烯(M_1)		丙烯腈(M_2)	
	物质的量/mol	质量/g	物质的量/mol	质量/g
1	0.02	2.08	0.12	6.36
2	0.04	4.16	0.10	5.30
3	0.06	6.24	0.08	4.24
4	0.08	8.32	0.06	3.18

2. 用注射器将上述四个烧杯中的样品分别加入到四只已编号的安瓿瓶中，在冰浴冷却下通氮气 5min 后，用酒精喷灯封管。

3. 将安瓿瓶置于 60℃恒温水浴中反应 1h，然后立即浸入冰水中放置 5min，取出，开启瓶口，加入 10mL 丙酮，充分搅拌使其混合均匀。

4. 在搅拌条件下将安瓿瓶中的溶液缓慢地倒入装有 100mL 无水乙醇的烧杯中，可得到洁白的细丝，抽滤，60℃真空干燥，称量，计算转化率。

五、注意事项

1. 转化率不应超过 10%，若超过，需要重新设定聚合时间。

2. 装管时单体不可沾在细颈处，应用长针头注入，否则封管时单体会硫化。可先用小火预热被封处，待被封处烧熔软化后，慢慢地拉细封口并烧圆，以保证不漏气。

六、实验数据处理（见表 17-2）

表 17-2　苯乙烯与丙烯腈的竞聚率测定实验数据处理表

样品编号	$R=\dfrac{[M_1]}{[M_2]}$	$\rho=\dfrac{\mathrm{d}[M_1]}{\mathrm{d}[M_2]}$	$R-\dfrac{R}{\rho}$	$\dfrac{R^2}{\rho}$
1				
2				
3				
4				

以 $\left(R-\dfrac{R}{\rho}\right)-\dfrac{R^2}{\rho}$ 作图，求出斜率和截距，即 r_1 和 r_2 值，并与手册上所查到的数值比较。

七、思考题

1. 为什么某些不能均聚的物质能参加共聚合？

2. 用测定出的 r_1 和 r_2 作出苯乙烯、丙烯腈共聚合反应的共聚物组成曲线，据此讨论该聚合反应的类型。并讨论如何控制该共聚物的组成分布。

第六单元 聚合物的化学反应

实验 18 聚乙烯醇缩甲醛的制备

一、实验目的

1. 通过实验,进一步了解高分子化学反应的原理。

2. 了解通过高分子反应改性原高聚物化学性能及其在工业上的应用。

二、实验原理

聚乙烯醇(PVA)研究得较早,但是由于 PVA 的水溶性而无法实际应用。PVA 分子中含有大量的羟基,可以进行醚化、酯化及缩醛化等化学反应,特别利用"缩醛化"减少其水溶性,就使得 PVA 有较大的实际应用价值。如对聚乙烯醇纤维进行缩甲醛、亚苄基化等缩醛化处理后,可得到具有良好的耐水性和力学性能的维尼纶。用甲醛进行缩醛化反应得到聚乙烯醇缩甲醛(PVF),可应用于涂料、胶黏剂、海绵等方面。PVF 随着缩醛化程度不同,性质和用途也不同,控制缩醛 35% 左右,得到维纶(维尼龙)纤维,又称为"合成棉花"。在 PVF 分子中,如果控制其缩醛度在较低水平,由于 PVF 分子中含有羟基,乙酰基和醛基,因此有较强的黏结性能,可用作胶水,用来黏结金属、木材、皮革、玻璃、陶瓷、橡胶等。

聚乙烯醇与甲醛的缩合反应是高分子试剂聚乙烯醇与小分子甲醛的缩醛化反应。本实验是在强酸催化下,非均相缩醛化反应,其反应机理如下:

$$CH_2O + H^+ \Longleftrightarrow C^+H_2OH$$

$$-CH_2-CH-CH_2-CH- + C^+H_2OH \underset{极快}{\overset{缓慢}{\Longleftrightarrow}} -CH_2-CH-CH_2-CH- + H_2O$$
$$\quad\quad\;\; OH \quad\quad\;\; OH \quad\quad\quad\quad\quad\quad\quad\quad\quad\;\; OC^+H_2 \quad\;\; OH$$

$$-CH_2-CH-CH_2-CH- \underset{极快}{\overset{迅速}{\Longleftrightarrow}} -CH_2-CH-CH_2-CH- + H^+$$
$$\quad\quad\;\; OC^+H_2 \quad\;\; OH \quad\quad\quad\quad\quad\quad\quad\quad\; O-CH_2-O$$

聚乙烯醇溶于水,而反应产物聚乙烯醇缩甲醛不溶于水,为了缩短反应时间,体系中加入聚乙烯醇的凝絮剂,使其进行非均相反应,反应速率大大加快,可在 1h 反应完毕,缩醛化程度最高可达 80% 左右。

三、实验仪器及试剂

1. 实验仪器

恒温水槽	1台
玻璃棒	1根
表面皿	1只
烧杯(100mL)	2只
量筒(10mL,50mL)	各1只

2. 实验试剂

甲醛（38%）	5mL
聚乙烯醇（聚合度1750，酸解度88%）	1g
浓硫酸	2mL
硫酸铵	15g

四、实验步骤

1. 取 1g 聚乙烯醇、10mL 去离子水加入 100mL 烧杯中，在 50℃ 恒温水浴中搅拌使其溶解，配制成 10% 的聚乙烯醇水溶液。

2. 在另一个 100mL 烧杯中，加入 15g 硫酸铵、30mL 去离子水、5mL（38%）甲醛和 2mL 浓硫酸，加热至 50℃。

3. 把第 1 步中制备的 10% 聚乙烯醇溶液慢慢倒入第 2 步中制备的溶液，透明状聚乙烯醇溶液与甲醛溶液不相溶、分层。慢慢摇动烧杯，聚乙烯醇逐渐变成白色不透明固体状析出。在 50℃ 恒温水浴中反应 1h，每隔 10min 搅动一次。

4. 反应完毕，用水冲洗产物，得到不黏的白色橡胶状产物，放到表面皿风干或 60℃ 恒温箱干燥。干燥后的样品可用沸水煮沸，观察其溶解性。

五、注意事项

1. 由于甲醛有毒，水洗产物时不要用手接触甲醛。

2. 在聚乙烯醇水溶液与甲醛水溶液混合时，注意不要摇得太快，否则易成团。

六、思考题

1. 聚乙烯的缩醛化反应为什么不能以 100% 进行，考虑其理由。

2. 聚乙烯醇的缩醛化反应，还可用其它什么化学试剂，怎样使用？

3. 聚乙烯醇缩缩醛化反应中，为什么不生成分子间交联的缩醛键？

实验 19　聚醋酸乙烯酯的醇解反应

一、实验目的

1. 了解聚乙烯醇的制备方法和高分子反应的一般原理。

2. 了解聚醋酸乙烯酯醇解反应的特点，以及影响醇解程度的因素。

二、实验原理

聚乙烯醇（PVA）不能由乙烯醇聚合制备，原因是乙烯醇极不稳定，极易异构化而生成乙醛或环氧乙烷。通常，聚乙烯醇都是通过聚醋酸乙烯酯醇解而得。由于聚合物的相对分子质量很高，而且具有多分散性、结构多层次变化，以及聚合物的凝聚态结构和溶液行为与小分子的差异很大，使聚合物的化学反应与小分子有机反应有区别，具有本身的特征。一般而言，由于聚合物中官能团的活性较低，化学反应不完全，因此不宜用分子计而应该以基团计来表述产率或转化率。聚合物中的基团活性、反应速率和最高转化程度一般都低于同系低分子物，主要原因是基团所处的宏观环境（物理因素）和微观环境（化学因素）不同所引起的。

聚醋酸乙烯酯的醇解反应可以在酸性或碱性条件下进行。但是目前工业上都采用碱性醇解法来制备聚乙烯醇。主要是因为在酸性醇解时，由于痕量级的酸很难从聚乙烯醇中除去，而残留的酸可以加速聚乙烯醇的脱水作用，使产物变黄或不溶于水。

本实验采用甲醇为醇解剂，NaOH 为催化剂，醇解过程实际上是甲醇和聚醋酸乙烯酯之间的酯交换反应，从而使聚醋酸乙烯酯的结构发生变化。醇解反应式如下：

$$-\!\!-\!\!CH_2-\!\!-CH\!\!-\!\!\frac{}{n}\ +CH_3OH \xrightarrow{\ NaOH\ } -\!\!-\!\!CH_2-\!\!-CH\!\!-\!\!\frac{}{n}\ +CH_3COOCH_3$$

$$\underset{OCOCH_3}{|}\qquad\qquad\qquad\qquad\underset{OH}{|}$$

三、实验仪器及试剂

1. 实验仪器

三口瓶（250mL）	1个
表面皿	1个
回流冷凝管	1支
布氏漏斗	1只
抽滤瓶	1只
温度计（100℃）	1支
移液管	1支
恒温水槽	1台
搅拌器	1套

2. 实验试剂

聚醋酸乙烯酯（PVAc）	15g
NaOH	0.375g
甲醇	90mL

四、实验步骤

1. 按图 2-1 装配好实验装置。称取 15g 聚醋酸乙烯酯将其剪碎，配制 5％的 NaOH-甲醇溶液 7.5mL。

2. 在三口瓶中加入 90mL 甲醇，开动搅拌器，然后缓慢加入 15g 聚醋酸乙烯酯，加热回流使其全部溶解。将溶液冷却至 30℃，加入 3mL 5％的 NaOH-甲醇溶液，控制反应在 45℃进行。当醇解度达 60％左右时，大分子从溶解状态变为不溶状态，出现胶团。因此醇解过程中要注意观察，当体系中出现胶冻时，要立即强烈搅拌将其打碎，否则会因胶体内部包住的聚醋酸乙烯酯无法醇解而导致实验失败。

3. 出现冻胶后再继续搅拌 0.5h，打碎胶冻，再加入 4.5mL 的 5％NaOH-甲醇溶液，反应温度仍控制在 45℃，反应 0.5h，之后再升温到 65℃，继续反应 1h。

4. 将反应混合物冷至室温，将其倒出，布氏漏斗抽滤，用 10mL 甲醇洗涤三次。所得的聚乙烯醇置于 50～60℃真空干燥箱中干燥。

五、注意事项

1. 为了避免醇解过程中出现胶冻甚至产物结块，催化剂的加入采用分批方式，也可以采用滴加的方式。

2. 由于甲醇有毒，溶剂可以用乙醇代替，但是使用乙醇时产品的颜色会变黄，而且转化率较使用甲醇时低一些。

六、思考题

1. 影响醇解度的因素有哪些，实验中需要控制哪些因素才能获得较高的醇解度？

2. 从反应机理、工艺控制等方面分析、比较聚醋酸乙烯酯和醋酸乙烯酯的异同。

第七单元　高分子溶液的性质

实验20　黏度法测定聚合物相对分子质量

一、实验目的

1. 加深理解黏均相对分子质量的物理意义。
2. 掌握黏度法测定聚合物分子量的原理和方法。
3. 掌握乌氏黏度计使用方法及测定结果的数据处理。

二、实验原理

分子量是高聚物的重要参数之一，它对高聚物力学性能、溶性、流动性有很大影响，因此通过测定分子量及分子量分布可以进一步了解高聚物的性能，用它来指导控制聚合物生产条件，以获得需要的产品。

黏度法测定高聚物分子量，设备简单，操作便利，又有较好的实验精确度。同时，这一方法一旦作为经验常数被确定就能适用于各种分子量测定范围，它是高聚物生产和科研中用得最广泛、最常用的方法。

1. 溶液黏度的各种定义及表达式

（1）相对黏度用 η_r 表示　通常，将纯溶剂的黏度记作 η_0，将高分子溶液的黏度记作 η，溶液黏度 η 与纯溶剂黏度 η_0 之比称为相对黏度，是一个无量纲量，用 η_r 表示。

$$\eta_r = \frac{\eta}{\eta_0} \tag{20-1}$$

（2）增比黏度　是相对于溶剂来说，溶液黏度增加的分数称为增比黏度，是一个无量纲量，用 η_{sp} 表示。

$$\eta_{sp} = \frac{\eta - \eta_0}{\eta_0} = \eta_r - 1 \tag{20-2}$$

（3）比浓黏度　表示单位浓度的溶质所引起黏度增大值，其量纲是浓度的倒数（dL/g）。

$$\frac{\eta_{sp}}{C} = \frac{\eta_r - 1}{C} \tag{20-3}$$

（4）比浓对数黏度 $\lg \eta_r / C$，其定义是相对黏度的自然对数与浓度之比，其量纲是浓度的倒数（dL/g）。

$$\frac{\ln \eta_r}{C} = \frac{\ln(1 + \eta_r)}{C} \tag{20-4}$$

（5）特性黏数　对高分子溶液而言，由于大分子链的特殊性，比浓黏度表现出高黏度的特性，并且其增比黏度随溶液浓度的增加而增加，为了得到黏度与分子量之间的对应关系，往往用消除浓度对增比浓度的影响来求得，即取浓度趋于零时的比浓黏度（因为浓度趋于零时，大分子间作用力可忽略不记），用 $[\eta]$ 表示，称为特性黏数。特性黏数又称为极限黏

数，其值与浓度无关，其量纲也是浓度倒数（dL/g）

$$[\eta]=\lim_{c\to 0}\frac{\eta_{sp}}{C}\quad 或\quad [\eta]=\lim_{c\to 0}\frac{\ln\eta_r}{C} \tag{20-5}$$

2. 特性黏数 $[\eta]$ 与分子量关系

高聚物的特性黏数与分子量有关，还与大分子在溶液里的形态有关。一般大分子在溶液中卷得很紧，当流动时，大分子中的溶剂分子随大分子一起流动，则大分子的特性黏度与其分子量的平方根成正比；若大分子在溶液中呈完全伸展和松散状，当流动时，大分子中溶剂分子是完全自由的，此时大分子的特性黏度与分子量成正比，而大分子的形态是大分子链段和大分子-溶剂分子之间相互作用力的反映，因此，特性黏度与分子量的关系随所用溶剂、测定温度不同而不同。当溶剂和温度一定时，分子结构相同聚合物，其相对分子质量与特性黏数之间关系可以用 Mark-Houwink 方程来确定，即

$$[\eta]=KM^{\alpha} \tag{20-6}$$

在一定相对分子质量范围内，K、α 是与相对分子质量无关的常数，可从相关手册查到，即可根据所测得 $[\eta]$ 值计算试样相对分子质量。

有的 K、α 需要借助其它直接测定分子量方法来确定。

将式(20-6) 化成对数形式：

$$\lg[\eta]=\lg K+\alpha\lg M \tag{20-7}$$

将经过仔细分级的样品，测定各级分的 $[\eta]$ 和用光散射法、渗透压法、超速离心等方法测定相对应的分子量，就可以作出 $\lg[\eta]$-$\lg M$ 的线性关系图，此时直线的斜率为 α，直线的截距为 $\lg K$，从而求出 K 与 α。

3. 特性黏数 $[\eta]$ 的求得

(1) 外推法（多点法） 在一定温度下，聚合物溶液黏度对浓度有有一定的依赖关系，通常用 Huggins 方程描述为：

$$\frac{\eta_{sp}}{C}=[\eta]+K'[\eta]^2C \tag{20-8}$$

或用 Kraemer 方程描述为：

$$\frac{\ln\eta_r}{C}=[\eta]-K''[\eta]^2C \tag{20-9}$$

以 η_{sp}/C 或 $\ln\eta_r/C$ 对 C 作图 （图 20-1），则它们外推到 $C\to0$ 的截距应重合于一点，其值等于 $[\eta]$。这也可用来检查实验可靠性。

外推法求特性黏数需要在几个不同浓度下测定其黏度，从而求得 η_{sp}/C 或 $\ln\eta_r/C$ 对 C 的关系，因此又称多点法，此方法比较麻烦，不适应于生产上快速测定的需要，现在经常采用简化的"一点法"。

(2) 一点法 通过测定一个浓度下的 η_{sp} 和 η_r 求得特性黏度 $[\eta]$ 的方法，称为"一点法"。

当 $K'+K''=\dfrac{1}{2}$ 时，由上式(20-8) 和式(20-9) 解出下列关系：

$$[\eta]=\frac{\sqrt{2(\eta_{sp}-\ln\eta_r)}}{C} \tag{20-10}$$

式中，C 为溶液浓度，g/mL。

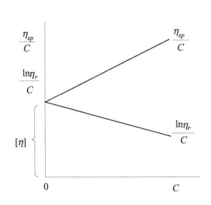

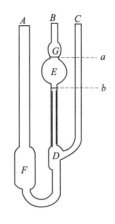

图 20-1　η_{sp}/C 和 $\ln\eta_r/C$ 与 C 的关系图　　　　　图 20-2　乌氏黏度计

一般柔性链线形高分子良溶剂中，能够满足 $K'+K''=\dfrac{1}{2}$ 或 $K'=0.35$ 的条件，均可采用该式计算分子量。应用时，使 $\eta_r=1.20\sim1.50$ 为好，此时，一点法与外推法所得的 $[\eta]$ 值误差在 1% 以内。

对于一些支化或刚性高分子，$K'+K''\neq\dfrac{1}{2}$，可假设 $K'/K''=\gamma$，则

$$[\eta]=\frac{\eta_{sp}+\gamma\ln\eta_r}{(1+\gamma)C} \tag{20-11}$$

对于这类高分子溶剂体系，在某一温度下，用多点法确定了 γ 值后，即可通过式 (20-11) 用一点法计算分子量，所得 $[\eta]$ 值与外推法比较，误差不超过 3%。

溶液黏度一般用毛细管黏度计来测定，最常用的是乌氏黏度计，其结构如图 20-2 所示。其特点是毛细管下端与大气相同，这样，黏度计中液体体积对测定没有影响。

在毛细管黏度计中液体流动符合如下关系式：

$$\eta=\frac{\pi PR^4 t}{8lV}-m\frac{\rho V}{8\pi lt} \tag{20-12}$$

式中，ρ 是液体密度；m 是一个与仪器的几何形状有关的常数，其值接近于 1；P 是液体的重力。上式物理意义是：液体在重力作用下发生流动时，液体势能一部分用来克服液体对流动的黏滞阻力，一部分转化为液体的动能。因此等式右边的第二项也称为动能校正项。在设计黏度计时，通过调节仪器几何形状，式(20-12) 动能校正项尽可能小一些，以求与第一项相比可以忽略不计，则

$$\eta=\frac{\pi PR^4 t}{8lV}=\frac{\pi ghR^4\rho t}{8lV} \tag{20-13}$$

上式称为 Poiseuille 定律，其中 h 为等效平均液柱高，对同一黏度计而言，其值是一定的。

则相对黏度为

$$\eta_r=\frac{\eta}{\eta_0}=\frac{\rho\,t}{\rho_0 t} \tag{20-14}$$

又因溶液浓度很稀，溶液与溶剂密度相差很小，即 $\rho \approx \rho_0$，式（20-14）简化为：

$$\eta_r = \frac{t}{t_0} \tag{20-15}$$

这样，由溶剂的流出时间 t_0 和溶液流出时间 t，就可求出溶液黏度和对数黏度。

一般，选用合适黏度计使待测溶液和溶剂的流出时间大于 100s，动能校正项可忽略。

三、实验仪器及试剂

1. 实验仪器

乌氏黏度计，恒温水槽，秒表，洗耳球，止水夹，移液管，1000mL 容量瓶，3# 玻璃砂芯漏斗，乳胶管，500mL 烧杯。

2. 实验试剂

聚乙烯醇，蒸馏水。

四、实验步骤

1. 溶液配制

取洁净干燥的聚乙烯样品，分析天平上准确称取 (5 ± 0.001)g，溶于 500mL 烧杯（加溶剂 300mL），加热使其溶解，温度不能高于 60℃，待完全溶解后用砂芯漏斗过滤至 1000mL 容量瓶（用溶剂洗涤烧杯两次倒入砂芯漏斗滤入容量瓶），用溶剂稀释至刻度，反复摇均后待用。

2. 纯溶剂流出时间 t_0 的测定

将干净烘干的黏度计，用过滤的纯溶剂洗 2～3 次，再固定在恒温 (30 ± 0.1)℃水槽中，使其保持垂直，并使 E 球全部浸泡在水中并过 a 线，然后将过滤好的纯溶剂从 A 管加入 10～50mL 左右（F 球的 2/3～3/4），恒温 10～15min，开始测定，闭紧 C 管上的乳胶管，用吸耳球从 B 管将纯溶剂吸入 G 球的一半，拿下吸耳球打开 C 管，记下纯溶剂流经 a、b 刻度线之间的时间 t_0。重复三次测定，每次误差<0.2s，取三次的平均值。

3. 溶液流经时间 t 的测定

将黏度计溶剂倒掉，用溶液润洗 1～2 次，取 15mL 已配制好的溶液从 A 管注入 F 球中，黏度计固定在水槽中，待溶液温度恒定后，闭紧 C 管上的乳胶管，用吸耳球从 B 管将溶液吸入 G 球的一半，拿下吸耳球打开 C 管，记下溶液流经 a、b 刻度线之间的时间。重复操作三次，时间误差应在 ±0.2s 之内，取平均值计记为 t_1。

用 5mL 移液管吸取纯溶剂 5mL 注入 F 球中，混合均匀，得到溶液的浓度为原始溶液的 3/4，用同样方法测定此溶液流经 a、b 刻度线之间的时间 t_2。

按上述方法，依次加入 5mL、5mL、5mL 溶剂，黏度计内溶液稀释为原始溶液的 3/5、1/2、3/7，分别测其流出时间，相应记为 t_3、t_4、t_5（三次平均值）。

4. 结束工作

黏度计中溶液倒入废液桶内，注入溶剂蒸馏水，将其吸至 a 刻度线以上，清洗毛细管，反复几次，倒挂毛细管黏度计以待后用。

五、实验数据记录及处理

1. 实验记录（表 20-1）

样品_____；溶剂_____；测试温度_____；

K _____；α _____；溶液起始浓度_____。

表 20-1　试验数据记录表

	流出时间/s				η_r	η_{sp}/C	$\ln\eta_r/C$	溶液相对浓度 C'	溶液浓度 C
	1	2	3	平均值					
t_1									
t_2									
t_3									
t_4									
t_5									
t_0									

2. 数据处理

用外推法求 $[\eta]$。用 η_{sp}/C、$\ln\eta_r/C$ 分别为纵坐标，溶液浓度（或相对浓度）为横坐标，根据上表数据作图求出 $[\eta]$。

聚乙烯醇在水溶液中，30℃时，$K=42.8\times10^{-3}$，$\alpha=0.64$，按式(20-6)计算出相对分子质量 $\overline{M}_\eta$。

六、注意事项

1. 恒温水槽温度严格控制（30±0.1）℃，如果高于或低于要重做。

2. 加热器、恒温玻璃水槽配用 500～600W 之间加热器为宜，否则功率太小，加热时间长，功率太大温度波动大。

3. 所用玻璃仪器洗净烘干。

4. 所用仪器用纯溶剂洗 2～3 次，然后装满纯溶剂放好。

5. 溶剂、溶液倒入回收瓶。

6. 使用黏度计时要小心，否则易折断黏度计管。

七、思考题

1. 与其它测分子量的方法相比，黏度法有何优点？

2. 资料里查不到 K、α 值，如何求得 K、α 值？

3. 在测定分子量时主要注意哪几点？

实验 21　渗透压法测定分子量

一、实验目的

1. 了解高分子溶液膜渗透压的原理。

2. 了解快速平衡膜渗透压计的实验技术。

3. 测定聚苯乙烯的数均分子量和第二维利系数。

二、实验原理

渗透压在溶液的经典理论中占有重要的地位。但是对低分子溶液，很难找到理想的半透膜。这一实验上的困难使得渗透法未能应用于实际。对于高分子溶液，由于溶质与溶剂分子大小悬殊，因此，选择接近理想的半透膜变得容易了，渗透压的测定已被广泛应用于测定聚合物的分子量，同时，还用来研究溶液中高分子与溶剂分子间的互相作用，成为验证溶液理论的有效工具。

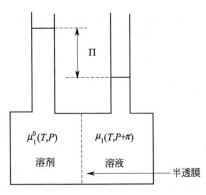

图 21-1　溶液渗透压示意图

渗透压是溶液依数性的一种，因此用膜渗透压测定分子质量是应用溶液热力学性质。由于溶液中溶剂的化学位低于纯溶剂的化学位，当用只能让溶剂分子通过而溶质分子不能通过的半透膜把溶液和溶剂隔开时，溶剂分子将穿过半透膜进入到溶液中去，直到溶液液面升高，产生液柱压强，使溶液中溶剂的化学位因压强增加而升高到与纯溶剂的化学位相等时，达到渗透平衡。这时，溶液池与溶剂池的液柱高度差所产生压力即为渗透压 π（如图 21-1 所示）。

公式推导如下：

纯溶剂的化学位　　$\mu_1^0(T, P)$

溶液中溶剂的化学位　　　　　　$\mu_1(T, P+\pi)$

达到平衡时　　　　　　　$\mu_1^0(T, P) = \mu_1(T, P+\pi)$ 　　　　　　(21-1)

右式　$\mu_1(T, P+\pi) = \mu_1(T+P) + \int_P^{P+\pi} \left(\frac{\partial \mu_1}{\partial P}\right)_T \mathrm{d}P = \mu_1(T, P) + \tilde{V}_1 \pi$ 　　(21-2)

左式　　　　　　　　$\mu_1^0(T, P) = \mu_1(T, P) + \tilde{V}_1 \pi$ 　　　　　　(21-3)

所以　　　　　$\tilde{V}_1 \pi = \mu_1^0(T, P) - \mu_1(T, P) = -\Delta \mu_1$

即　　　　　　　　　　$\Delta \mu_1 = -\tilde{V}_1 \pi$ 　　　　　　　　(21-4)

对于浓度很稀的低分子溶液（接近于理想溶液）服从拉乌尔定律，则有

$$\frac{\pi}{c} = \frac{RT}{M} \quad （范霍夫方程）$$ 　　　　　　(21-5)

式中，c 是溶液浓度，g/cm^3；M 是溶质分子量，从上式可看出小分子稀溶液的 $\frac{\pi}{c}$ 与 C 无关，仅与分子量有关。

在高分子溶液中，由于高分子链段间以及高分子和溶剂分子之间的互相作用不同，高分子与溶剂分子大小悬殊，使高分子溶液性质偏离理想溶液的规律。实验结果表明，高分子溶液的比浓渗透压 π/c 随浓度而变化，通常可用维利展开式来表示：

$$\frac{\pi}{c} = RT\left(\frac{1}{M} + A_2 C + A_3 c^2 + \cdots\right)$$ 　　　　　　(21-6)

式中，A_2 和 A_3 分别为第二维利系数和第三维利系数，它们表示高分子溶液与理想溶液之间偏差，对许多高分子-溶剂体系，当浓度很稀时，A_3 通常很小，可忽略，则

$$\frac{\pi}{c} = RT\left(\frac{1}{M} + A_2 c\right)$$ 　　　　　　(21-7)

即 π/c 与浓度 c 存在线性关系。实验只要测量溶液的几个浓度的渗透压，作 π/c 对 c 的图，可以得到一根直线，外推到 $c \to 0$，从截距和斜率便可计算出被测试样的分子量和体系的第二维利系数 A_2。但对于有些高分子-溶剂体系，在实验的浓度范围内，将实验结果作 π/c 对 c 图时发现曲线明显弯曲，给外推带来困难，影响测定分子量的可靠性。此时，常将 π/c 对浓度的维利展开式改写成：

$$\frac{\pi}{c} = \left(\frac{\pi}{c}\right)_{c \to 0} (1 + \Gamma_2 c + \Gamma_3 c^2)$$ 　　　　　　(21-8)

根据经验可知，多数溶液体系 $\Gamma_3 = \Gamma_2^2/4$，式 (21-8) 可变为

$$\frac{\pi}{c} = \left(\frac{\pi}{c}\right)_{c\to 0} \left(1 + \frac{\Gamma_2}{2}c\right)^2$$

或

$$\left(\frac{\pi}{c}\right)^{1/2} = \left(\frac{\pi}{c}\right)_{c\to 0}^{1/2} \left(1 + \frac{\Gamma_2}{2}c\right) \tag{21-9}$$

根据式 (21-9)，以 $(\pi/c)^{1/2}$ 对 c 作图，一般可得到良好线性关系，从截距和斜率可计算出相对分子质量和第二维利系数 A_2

$$\left(\frac{\pi}{c}\right)_{c\to 0}^{1/2} = \left(\frac{RT}{M}\right)^{1/2} \tag{21-10}$$

$$\Gamma_2 = A_2 M \tag{21-11}$$

用来测定溶液渗透压的渗透计种类多，常见的有 Zimm-Myerson 型玻璃渗透计和 Bruss 不锈钢渗透计，近几年来出现了快速自动平衡渗透计，使渗透压测定时间大大缩短。

渗透压的测量，有静态法和动态法两类。静态法也称渗透平衡法，是让渗透计在恒温下静置，用测高计测量渗透池的测量毛细管和参比毛细管两液柱高差，直至数值不变，但达到渗透平衡需要较长时间，一般需要几天；如果试样中存在能透过半透膜的低分子，则在此长时间内会部分透过半透膜而进入溶剂池，而使液柱高差不断下降，无法测得正确的渗透压数据。动态法是测量溶液池毛细管液面在低于或高于渗透平衡点时两种情况下，该液面上升或下降时向平衡点移动的流速，然后以液面高度对流速作图，外推至流速为零时，求得动态平衡点。其优点是缩短测量时间。缺点是操作频繁，且对测量仪器的精度要求较高。本实验采用后一种方法。

渗透压法测定相对分子质量的范围一般在 $3 \times 10^4 \sim 1.5 \times 10^6$。相对分子质量小于 3×10^4，半透膜的制备有困难；相对分子质量大于 1.5×10^6，渗透压很小，测量精度不够。被测试样一般需用分级级分，未分级试样通常含有能透过半透膜的低分子量部分，测定这样的样品通常不易得到正确的结果。

半透膜的选择和制备是渗透压法测定分子量的一个关键问题。要求被测高分子不能透过，与被测高分子和所用溶剂不起化学反应，也不被溶解，还要求溶剂分子的透过速率足够大，以便能在较短的时间内达到渗透平衡。最常用的半透膜是纤维素及其衍生物，也有试用各种合成高聚物作半透膜的一些报道，如聚乙烯醇、聚亚胺酯、聚三氟氯乙烯和聚乙烯醇缩丁醛等。半透膜的制备直到目前为止还多半是凭经验。由于半透膜的选择和处理不当，使半透膜的孔内径过大，则往往引起测量时试样中分子量较低的部分发生漏过现象，而使实验得到的只是未透过的高分子量部分数均分子量，偏高于试样真实数均分子量。

三、实验仪器及试剂

1. 实验仪器

Bruss 渗透计、注射器、容量瓶、分析天平、秒表。

① 本实验采用动态法测量渗透压，改良型 Bruss 膜渗透计如图 21-2 所示。

② 恒温水槽控温精度 $\pm 0.05℃$，测高仪精度 0.05mm。

③ 半透膜置于 20% 异丙醇-1% 甲醛-水溶液中，在室温下保存，使用前依次用下列溶剂置换：异丙醇、异丙醇/工作溶剂 (1:1)、工作溶剂，每次置换需要 4h 以上，然后装入渗透计中。当用甲苯作溶剂时，膜在异丙醇/甲苯 (1:1) 中置换 10min 后，立即装入渗透计中 (因为膜在甲苯中会严重收缩使尺寸及膜孔变小)，然后将膜渗透计转入甲苯中。装好后

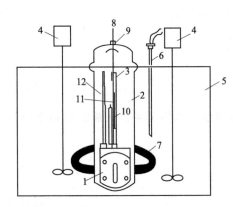

图 21-2　改良型 Bruss 膜渗透计示意图

1—不锈钢渗透池；2—渗透计溶剂瓶；3—汞杯；
4—搅拌器；5—恒温水浴；6—接触温度计；
7—加热器；8—拉杆；9—有孔塑料盖；10—
注液毛细管；11—参比毛细管；12—测量毛细管

检查渗透计是否有泄漏现象。

2. 实验试剂

聚苯乙烯，甲苯，异丙醇。

四、实验步骤

1. 溶液的配置

在分析天平上准确称取 $1\sim1.2$g 聚苯乙烯样品，放入 100mL 容量瓶中，加入测量温度下的甲苯溶解。用移液管移取 5mL、10mL、15mL、20mL 分别注入 4 只 25mL 容量瓶中，用测量温度下的甲苯稀释到刻度。即得到浓度分别为 0.2×10^{-2}g/mL、0.4×10^{-2}g/mL、0.6×10^{-2}g/mL、0.8×10^{-2}g/mL 和 1.0×10^{-2}g/mL 的 5 种溶液。

2. 渗透计的洗涤

用一个不锈钢丝钩将渗透计从外套管中吊出，小心地将小烧杯内水银倾入两只烧杯中（要在搪瓷盘中进行）。然后迅速把渗透计吊入装有甲苯的 150mL 烧杯中，拔除不锈钢拉杆，用特制长针头注射器由小烧杯插入粗毛细管，吸取渗透池中的液体，用少量甲苯洗涤注射器，再吸取甲苯注入渗透池。必要时可重复洗涤。然后插入不锈钢拉杆，接触液面形成一个小泡，加汞封住。同时更换外套管的溶剂。然后把渗透计吊回外套管中，加盖置于恒温槽平衡。

3. 测量纯溶剂和溶液的动态平衡点

为了消除膜的不对称性及溶剂差异对渗透压的影响，在测定样品之前，要先测纯溶剂的动态平衡点 H_0。恒温槽在 (25 ± 0.05)℃时要保持 30min 以上才能测定。

① 用测高仪测量参比毛细管液面高度，记为 h_0。

② 测量"上升"速率。用拉杆调节渗透池毛细管（测量毛细管）液面至毛细管底部刚好可观察到的位置，经热平衡 10min 后，用测高仪和秒表测量和读取液面高度 h 和液面从 h 处上升 1mm 的时间 t(s)。得到一个平衡点的流速数据。然后再用拉杆调节液面上升 8mm 左右，再测 h 和 t，重复测定几个数据。

③ 测定"下降"速率。用拉杆将液面升高 $30\sim50$mm，2min 后，测量液面高 h 和液面从 h 处"下降"1mm 的时间 t（s）。然后继续将液面升高 8mm 左右，再测一个实验点。重复测定几个数据。

④ 测定溶液的动态平衡点 H_i。溶液的测定由稀至浓进行。首先将池内液抽干净，然后取 2mL 待测溶液将渗透池洗涤一次，再取 2.5mL 溶液缓慢注入池中。插入拉杆，接触液面形成小气泡，汞封、加盖，按③步骤操作测定该浓度的动态平衡点 H_i 的数据，共测 $4\sim6$ 个数据。

五、实验数据记录及处理

1. 实验记录

试样名称＿＿＿＿＿＿＿＿；溶剂＿＿＿＿＿＿＿＿；实验温度＿＿＿＿＿＿＿＿；

甲苯在 ＿＿＿℃ 时密度 ρ_0 ＿＿＿＿＿＿（g/mL）；参比毛细管液面高度 h_0 ＿＿＿＿＿（cm）。

2. 数据处理

（1）按下式计算线性流速（mm/min）

$$\mathrm{d}h/\mathrm{d}t = 60\Delta h/t \tag{21-12}$$

式中，Δh 为液面上升或下降 1mm；t 为液面上升或下降 1mm 的测量时间，单位为 s。

（2）计算各次测量的动态平衡高度 H（cm）

$$H = h + 0.05 - h_0 \tag{21-13}$$

（3）计算校正后动态平衡 H' 点（cm）

分别以纯溶剂及各种浓度下各次测量的 H 对 $\mathrm{d}h/\mathrm{d}t$ 作图，如图 21-3，由"上升"和"下降"的数据各画一直线，交于纵坐标上一点，即 $\mathrm{d}h/\mathrm{d}t = 0$ 处，求得响应的纯溶剂的动态平衡点 H_0 及各浓度溶液动态平衡点 H_i，则校正后动态平衡点为

$$H'_i = H_i - H_0 \tag{21-14}$$

（4）各溶液的渗透压按下式计算

$$\pi = \rho H'_i \times 98.07 \quad (\mathrm{Pa}) \tag{21-15}$$

式中，ρ 为溶液密度，$\mathrm{g/cm^3}$，可预先测定（近似地可用溶剂密度来计算），98.07 为换算因子。

（5）按式(21-7)以 π/c 对 c 作图（见图 21-4），外推至 $c = 0$，以下式计算数均相对分子质量

$$\overline{M}_n = \frac{RT}{(\pi/c)_{c=0}} \times 10^6 \tag{21-16}$$

式中　c——浓度，$\mathrm{g/cm^3}$；

R——摩尔气体常数，$R = 8.315$，$\mathrm{J/(mol \cdot K)}$；

T——热力学温度，K；

10^6——换算因数。

并计算第二维利系数 A_2。

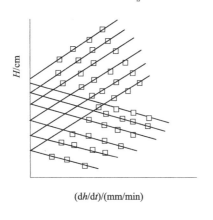

图 21-3　H-$(\mathrm{d}h/\mathrm{d}t)$ 分析

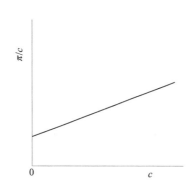

图 21-4　π/c-c 分析图

六、思考题

1. 体系中第二维利系数 A_2 等于零的物理意义是什么？怎样使第二维利系数等于零？

2. 样品中小分子杂质或低分子量高分子组分对测试有何影响？

3. 为什么测定样品前要先测纯溶剂的动态平衡点 H_0。

实验 22　光散射法测定聚合物的相对分子质量及分子尺寸

一、实验目的

1. 了解光散射法测定聚合物重均相对分子质量的原理和实验技术。

2. 掌握通过 Zimm 双外推法处理实验数据，并计算试样的重均分子量 $\overline{M}_w$、均方末端距 $\overline{h}^2$ 及第二维利系数 A_2。

二、实验原理

当一束光线通过介质（气体、液体或溶液）时，一部分沿原方向继续传播，称为透射光。而在入射方向以外的其它方向，同时发出一种很弱的光，称为散射光，如图 22-1 所示。散射光方向与入射光方向的夹角称为散射角，用 θ 表示，散射中心（O）与观察点 P 之间距离以 r 表示。

散射光的产生是由于光作为一种电磁波，具有振动方向相互垂直的电场和磁场，在光电场的作用下，介质中带电质点被极化，成为偶极子，并随之产生了同频率的受迫振动，而成为二次光源。向各个方向发射的电磁波，即散射波。根据溶液光散射理论，散射光的强度可表示为下式：

$$I(r,\theta)=(4\pi^2/\lambda_0^4 N_0 r^2)n(\mathrm{d}n/\mathrm{d}c)^2\frac{c}{\dfrac{1}{M}+2A_2 c}I_0 \tag{22-1}$$

式中　θ——观察角；

$\quad\quad M$——溶质相对分子质量；

$\quad\quad A_2$——第二维利系数；

$\quad\quad n$——溶液折射率；

$\mathrm{d}n/\mathrm{d}c$——溶液折射率增量；

$\quad\quad N_0$——阿伏伽德罗常数；

$\quad\quad \lambda_0$——入射光波长；

$\quad\quad r$——观察点与散射点之间距离；

$\quad\quad I_0$——入射光强度；

$\quad\quad I$——散射光强度。

将式（22-1）整理得：

$$\frac{I(r,\theta)}{I_0}r^2=\frac{4\pi^2}{N_0\lambda_0^4}n^2\left(\frac{\mathrm{d}n}{\mathrm{d}c}\right)^2\frac{c}{\dfrac{1}{M}+2A_2 c} \tag{22-2}$$

定义 $R_\theta=\dfrac{I(r,\theta)}{I_0}r^2$，称为 Relay 因子；

式中的常数 $4\pi^2(\mathrm{d}n/\mathrm{d}c)^2 n^2/(N_0\lambda_0^4)$ 记作 k。k 是一个与溶液浓度、散射角以及溶质相对分子质量无关的常数。

式（22-2）整理得：

$$R_\theta=\frac{kc}{\dfrac{1}{M}+2A_2 c} \tag{22-3}$$

假如入射光是非偏振光（自然光），则散射光强随着散射角的变化而变化，如图 22-2 所

示，式(22-3) 为

$$\frac{1+\cos^2\theta}{2}\frac{kc}{R_\theta}=\frac{1}{MP_\theta}+2A_2c \tag{22-4}$$

对于质点尺寸较小（$<\lambda/20$）的溶液，散射光强度的角度依赖性对入射光方向成轴对称，且对称于 90° 散射角，即当 $\theta=90°$ 时，受杂散射光的干扰最小，式(22-4) 变为

$$\frac{kc}{2R_{90}}=\frac{1}{M}+2A_2c \tag{22-5}$$

对于质点尺寸较大（$>\lambda/20$）的溶液，必须考虑散射光内干涉效应，这时散射光强随散射角不同而不同，且前向（$\theta<90°$）和后向（$\theta>90°$）散射光强不对称。对于两个对称的散射角，前向散射光强总是大于后向的散射光强。引进散射函数对内干涉效应而导致散射光强的变化进行校正。

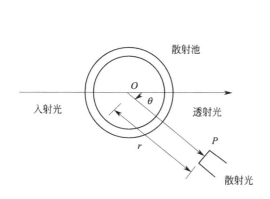

图 22-1　散射光示意图

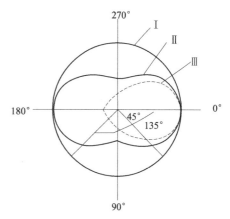

图 22-2　稀溶液散射光与散射角的关系图

Ⅰ—垂直偏振入射光，小粒子；Ⅱ—非偏振入射光，
小粒子，Ⅲ—非偏振入射光，大粒子

$$\frac{1}{P_\theta}=1+\frac{1}{3}\frac{8\pi^2}{3}\times\frac{\overline{h}^2}{\lambda^2}\sin^2\frac{\theta}{2}+\cdots \tag{22-6}$$

式(22-6) 代入式(22-4) 得：

$$\frac{1+\cos^2\theta}{2}\frac{kc}{R_\theta}=\frac{1}{M}\left(1+\frac{1}{3}\frac{8\pi^2}{3}\times\frac{\overline{h}^2}{\lambda^2}\sin^2\frac{\theta}{2}+\cdots\right)+2A_2c \tag{22-7}$$

在散射光测定中，由于散射角改变将引起散射体积的改变，而散射体积与 $\sin\theta$ 成反比，因此，实验测得的 R_θ 值乘以 $\sin\theta$ 进行修正：

$$\frac{1+\cos^2\theta}{2\sin\theta}\frac{kc}{R_\theta}=\frac{1}{M}\left(1+\frac{8\pi^2}{9}\times\frac{\overline{h}^2}{\lambda^2}\sin^2\frac{\theta}{2}+\cdots\right)+2A_2c \tag{22-8}$$

此式既是光散射基本公式。有两种极限情况，即 $\theta\to0$，$c\to0$ 时，

$$\left(\frac{1+\cos^2\theta}{2\sin}\frac{kc}{R_\theta}\right)_{\theta\to0}=\frac{1}{M}+2A_2c \tag{22-9}$$

$$\left(\frac{1+\cos^2\theta}{2\sin\theta}\frac{kc}{R_\theta}\right)_{c\to0}=\frac{1}{M}\left(1+\frac{8\pi^2}{9}\times\frac{\overline{h}^2}{\lambda^2}\sin^2\frac{\theta}{2}+\cdots\right) \tag{22-10}$$

实验测定一系列不同浓度溶液在不同散射角时的瑞利系数 R_θ，以 $\frac{1+\cos^2\theta}{2\sin\theta}\frac{kc}{R_\theta}$ 对 $\sin^2\frac{\theta}{2}+$ qc 作图，q 为任意常数，目的是图形张开为清晰格子。然后进行 $\theta\to0$，$c\to0$ 外推，具体步

骤如下：将 θ 相同的点连成线，向 $c=0$ 处外推，以求 $\left(\dfrac{1+\cos^2\theta}{2\sin\theta}\dfrac{kc}{R_\theta}\right)_{c\to 0}$。此时，点的横坐标

是 $\sin^2\dfrac{\theta}{2}$ 的值，并不是零。故需再将 $\left(\dfrac{1+\cos^2\theta}{2\sin\theta}\dfrac{kc}{R_\theta}\right)_{c\to 0}$ 的点连成线，对 $\sin^2\left(\dfrac{\theta}{2}\right)\to 0$ 外推；

将 c 相同的点连成线，对 $\sin^2\left(\dfrac{\theta}{2}\right)\to 0$ 外推，求 $\left(\dfrac{1+\cos^2\theta}{2\sin\theta}\dfrac{kc}{R_\theta}\right)_{\theta\to 0}$。此时，点的横坐标不为

零，而是 qc 值。故需要以 $\left(\dfrac{1+\cos^2\theta}{2\sin\theta}\dfrac{kc}{R_\theta}\right)_{\theta\to 0}$ 对 c 作图，外推到 $c\to 0$。以上两条外推线在 y

轴应有同一截距，其值为 $\dfrac{1}{M}$，可求得聚合物的重均分子量。而后一条外推线的斜率为

$2qA_2$，前一条外推线的斜率为 $\dfrac{8\pi^2\overline{h^2}}{9M\lambda^2}$，分别计算出第二维利系数 A_2 和均方末端距 $\overline{h^2}$。

三、实验仪器及试剂

1. 实验仪器

光散射仪，示差折光仪，压滤器，容量瓶，移液管，烧结砂芯漏斗。

光散射仪构造分四部分（如图 22-3 所示）。

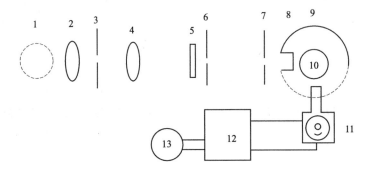

图 22-3　光散射仪示意图

1—汞灯；2—聚光灯；3—隙缝；4—准直镜；5—干涉滤光片；6～8—光闸；
9—散射池罩；10—散射池；11—光电倍增管；12—直流放大器；13—微安表

① 光源：一般用中压汞灯，$\lambda=435.8nm$ 或 $\lambda=546.1nm$。

② 光路系统：把汞灯发出光经汇聚、切割、滤色等步骤，使之成为一束细而强的单色平行光。

③ 散射池：用光学玻璃制成，盛放待测溶液。

④ 散射光的测量系统。用一只可沿着散射池中心转动的光电倍增管接受散射光，并将光强度变成电讯号，经电流放大器放大后记录。

2. 实验试剂

聚苯乙烯、苯等。

四、实验步骤

1. 待测溶液配置及除尘处理

① 用 100mL 容量瓶在 25℃准确配制 1～1.5g/mL 聚苯乙烯苯溶液，浓度记为 c_0。

② 溶剂苯经洗涤、干燥后蒸馏两次。溶液用 5 号砂芯漏斗经压滤器加压过滤以除尘净化。

2. 折射率和折射率增量的测定

分别测溶剂折射率 n 及五个不同浓度聚合物溶液的折射率和折射率增量 $\partial n/\partial c$，分别用阿贝折光仪和示差折光仪测得。由示差折光仪的位移值 Δn 对浓度 c 作图，求出溶液折光指数增量 $\partial n/\partial c$，即可得到常数 $k = 4\pi^2(dn/dc)^2 n^2/(N_0\lambda_0^4)$。

3. 参比标准、溶剂和溶液散射光电流的测量

按照光散射仪使用说明书进行操作，开启仪器，用已除尘的溶剂清洗散射池。

① 测定绝对标准液（苯）和工作标准玻璃块在 $\theta = 90°$ 散射光电流的检流计读数 G_{90}。

② 用移液管吸取 10mL 溶剂苯注入散射池中，记录在 θ 角分别为 $0°$、$30°$、$45°$、$60°$、$75°$、$90°$、$105°$、$120°$、$135°$ 等不同角度的散射光电流的检流计读数 G_θ^0。

③ 在上述散射池中加入 2mL 聚苯乙烯-苯溶液（原始浓度 c_0），用电磁搅拌均匀，此时，散射池中溶液浓度为 c_1。待温度平衡后，依上述方法测量 $30° \sim 150°$ 各个角度的散射光电流检流计的读数 $G_\theta^{c_1}$。

④ 与③操作相同，依此向散射池中加入聚苯乙烯-苯的原始溶液（c_0）3mL、5mL、10mL、10mL、10mL，使散射池浓度分别变为 c_2、c_3、c_4、c_5、c_6 等，并分别测量 $30° \sim 150°$ 各个角度的散射光电流检流计读数 $G_\theta^{c_2}$、$G_\theta^{c_3}$、$G_\theta^{c_4}$、$G_\theta^{c_5}$、$G_\theta^{c_6}$。测量完毕，关闭仪器，清洗散射池。

五、实验数据记录及处理

1. 实验数据记录（见表 22-1）

表 22-1　实验测得的散射光电流检流计偏转读数记录表

c	G	θ								
		30	45	60	75	90	105	120	135	150
c_0	G^0									
c_1	G^{c_1}									
c_2	G^{c_2}									
c_3	G^{c_3}									
c_4	G^{c_4}									
c_5	G^{c_5}									
c_6	G^{c_6}									

2. 仪器常数 φ 及瑞利比 R_θ 的计算

R_θ 的测定，需要测定单位体积介质的散射光强 $I(\theta, c)$ 与入射光强 I_0 之比，而散射光是很弱的，一般比入射光要弱五个数量级，若准确测定两者比值需要特殊仪器，而且，准确测定观察距离也不是一件容易事，因此，作绝对测量非常困难，只有极少数溶剂（如苯、甲苯）已经精密测定，例如苯：对于波长为 435.8nm 的非偏振光，R_{90}（苯）= $4.84 \times 10^{-5} \mathrm{cm}^{-1}$；对于波长为 546.1nm 非偏振光，$R_{90}$（苯）= $1.63 \times 10^{-5} \mathrm{cm}^{-1}$。这些 R_{90} 值已获大家公认，因此，光散射实验中通常都是作相对测定，即选用一个参比标准，本实验采用苯作为参比标准物 [$\lambda = 546.1\mathrm{nm}$，$R_{90}$（苯）= $1.63 \times 10^{-5} \mathrm{cm}^{-1}$]

$$\varphi_苯 = R_{90}（苯）\frac{G_0}{G_{90}} \tag{22-11}$$

式中，G_0、G_{90} 分别是溶剂苯在 $0°$、$90°$ 的检流计的读数。

因为，
$$R_\theta = \frac{I(r,\theta)}{I_0} r^2$$

所以，
$$\frac{r^2}{I_0} = \frac{R_\theta}{I_\theta} = \frac{R_{90}(苯)}{I_{90}(苯)} \tag{22-12}$$

得
$$R_\theta = \frac{R_{90}(苯)}{I_{90}(苯)} I_\theta \tag{22-13}$$

这样，只要在相同条件测得溶液的散射光强 I_θ 和 90°角苯散射光强 I_{90}（苯），即可计算溶液的 R_θ 值，散射光强用检流计偏转读数表示，则有

$$R_\theta = \frac{R_{90}(苯)}{G_{90}(苯)/G_0(苯)} \left[\left(\frac{G_\theta}{G_0} \right)_{溶液} - \left(\frac{G_\theta}{G_0} \right)_{溶剂} \right] \tag{22-14}$$

$$= \varphi_{苯} \left[\left(\frac{G_\theta}{G_0} \right)_{溶液} - \left(\frac{G_\theta}{G_0} \right)_{溶剂} \right]$$

当入射光恒定，$(G_0)_{溶液} = (G_0)_{溶剂} = G_0$，则上式可简化为

$$R_\theta = \varphi'(G_\theta^c - G_\theta^0) \tag{22-15}$$

式中，G_θ^c 为溶液在 θ 角测得检流计读数；G_θ^0 为溶剂在 θ 角测得检流计读数。

3. k 值计算

$$k = 4\pi^2 (dn/dc)^2 n^2 / (N_0/\lambda_0^4)$$

其中 $\lambda = 546$nm，溶液折射率在很稀时可以溶剂的折射率代替。$n_{苯}^{25} = 1.4979$，聚苯乙烯-苯溶液的 $\partial n/\partial c$，其文献值为 $0.106/(cm^3 \cdot g^{-1})$（以上两数据可与实测值进行比较）。

4. 作 Zimm 双重外推图

为了数据处理方便（表 22-2），令 $y = \dfrac{1+\cos^2\theta}{2\sin\theta} \dfrac{kc}{R_\theta}$ (22-16)

表 22-2　数据处理表

浓度	θ	30°	45°	60°	75°	90°	105°	120°	130°
c_1	$G_\theta^{c_1} - G_\theta^0$								
	$R_\theta/(\times 10^{-4})$								
	$Y/(\times 10^{-6})$								
	$\sin^2\frac{\theta}{2} + qc$								
c_2	$G_\theta^{c_2} - G_\theta^0$								
	$R_\theta/(\times 10^{-4})$								
	$Y/(\times 10^{-6})$								
	$\sin^2\frac{\theta}{2} + qc$								
	$\vdots$								

以 y 为纵坐标，$\sin^2\dfrac{\theta}{2} + qc$ 为横坐标，画出 Zimm 图（见图 22-4），其中 q 可选 10^2 或 10^3。双外推至 $\theta \to 0$，$c \to 0$，可得两直线。

$[Y]_{\theta \to 0} = \dfrac{1}{\overline{M_w}} + 2A_2 c$，由斜率求出 A_2。

$[Y]_{c \to 0} = \dfrac{1}{M}\left(1 + \dfrac{8\pi^2}{9} \times \dfrac{\overline{h^2}}{\lambda^2}\sin^2\dfrac{\theta}{2}\right)$，斜率是 $8\pi^2\overline{h^2}/(9\overline{M_w}\lambda^2)$，由斜率求 $\overline{h^2}$ 值。两外推

线有同一截距

$$[Y]_{\theta \to 0}^{c \to 0} = \frac{1}{M_w}, 求出 \overline{M}_w。$$

k 的单位为 $\dfrac{\mathrm{mol} \cdot \mathrm{cm}^2}{\mathrm{g}^2}$，$A_2$ 的单位为 $\dfrac{\mathrm{mol} \cdot \mathrm{cm}^2}{\mathrm{g}^2}$；$c$ 的单位为 $\mathrm{g/cm}^3$，$R_{(\theta)}$ 的单位为 cm^{-1}。

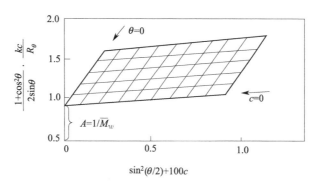

图 22-4　聚合物溶液光散射数据典型 Zimm 双外推图

六、思考题

1. 光散射实验中为什么特别强调除尘净化？
2. 讨论光散射法适宜测定相对分子质量范围？

实验 23　凝胶渗透色谱测定聚合物相对分子质量分布

一、实验目的

1. 了解凝胶渗透色谱法（GPC）测定聚合物相对分子质量及其分布的原理。
2. 初步掌握 Water150-C 凝胶渗透色谱仪操作技术。
3. 初步掌握 GPC 法测聚合物分子量和分子量分布的数据处理方法。

二、实验原理

凝胶渗透色谱（Gel Permeation Chromatography，GPC）也称体积排除色谱（Size Exclusion Chromatography，SEC）是一种液体（液相）色谱。和各种类型色谱一样，GPC（或 SEC）的作用也是分离，其分离对象是同一聚合物中不同相对分子质量的高分子组分。在色谱柱内装填多孔性的填料作分离介质，将聚合物溶液引入柱中，用溶剂洗提。把聚合物分子按分子尺寸大小分开，经过检测和数据处理系统，从而得到聚合物的分子量和分子量分布的数据。还可以用于制备窄分布聚合物试样，确定聚合物分子链的支化度，共聚物分子链的结构等。

1. 分离原理

凝胶渗透色谱分离核心部件——色谱柱，是用多孔性填料（聚苯乙烯、聚丙烯酰胺、葡萄糖和琼酯的凝胶以及多孔硅胶多孔玻璃等）填充的，其分离机理说法不一，其中平衡排除理论应用较普遍。一般认为高分子在溶液中以无规线团形式存在，具有一定尺寸，在分离过程中只有小于凝胶孔尺寸的分子才能进入孔中，这样大分子进入孔洞的数目比小分子要小，即使大分子都能进入的孔洞，它们渗透到凝胶孔洞的概率和深度也是不同的，大分子进入孔洞少，在孔洞内停留时间短，小分子进入孔洞数多，在孔内停留时间长，中等分子介于两者之间，所以随着淋洗剂的淋洗，大分子先从柱中流出，小分子最后流出，这样聚合物按分子大小的次序分离。实验证明，当实验条件确定后，溶质淋出体积与其分子量有关，分子量越大，其淋出体积越小，若试样是多分散的，则可按淋出的先后次序收集到一系列的分子量由大到小的级分。

为了测定聚合物的分子量分布，不仅要把聚合物按分子量大小分离，还要测定各级分的含量和分子量。各级分含量就是淋出液浓度，可以通过对与浓度有线性关系的某些物理性质的检测来测定，例如采用示差折光检测器、紫外吸收检测器、红外吸收检测器等，常用的示差折光检测器测定淋出液的折光指数与纯溶剂折光指数之差 Δn，以表征溶液浓度。因为在稀溶液范围，Δn 与溶液浓度 Δc 成正比。分子量的测定有直接法和间接法。直接法是分子量检测器（自动黏度计或光散射仪）在浓度检测器测定浓度同时直接测定聚合物的分子量。间接法则是利用淋出体积与分子量的关系，将测出淋出体积根据标定线换算成分子量。本实验采用间接法测定聚合物分子量。

2. 标定曲线

图 23-1 是 GPC/SEC 的构造图，记录仪上得到的 GPC 谱图如图 23-2 所示，纵坐标表示洗提液与纯溶剂的折光指数的差值 Δn，在极稀溶液中它正比于洗提液的相对浓度 Δc，横坐标表示保留体积 V_e，它表征分子尺寸的大小，与分子量 M 有关，然后在利用 V_e 与分子量 M 之间的关系，将 GPC 谱图的横坐标 V_e 转换成分子量 M 或分子量的对数 $\lg M$。

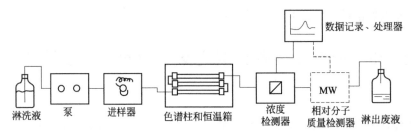

图 23-1　GPC/SEC 的构造

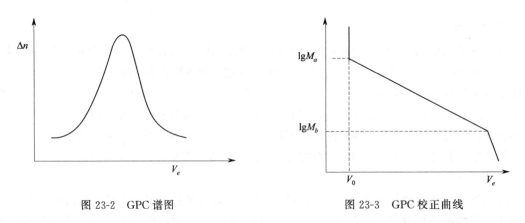

图 23-2　GPC 谱图　　　　　　　　图 23-3　GPC 校正曲线

表示 V_e 与 M 之间的关系的曲线就是 GPC 标定线，通常用分子量的对数 $\lg M$ 对保留体积 V_e 作图来表示，如图 23-3 所示，它是在相同的测试条件下测定一组已知分子量的窄分布标准样品的 GPC 谱图，然后将各峰值位置的保留体积 V_e 对相应样品的 $\lg M$ 作图而得到的。对标样要求是分子量为窄分布的，其平均数值必须准确可靠，应当是与待测样品同类聚合物。例如用 GPC 测定聚苯乙烯时，用阴离子聚合得到一组单分散聚苯乙烯（PS）样品，其分散度小于 1.05 为标样，在相同条件下，作一系列的 GPC 标准谱图，对应不同相对分子质量样品的保留体积。以 $\lg M$ 对 V_e 作图，所得曲线即为"校正曲线"

以 $\lg M$ 对 V_e 作图所得到的标定线在填料的渗透极限范围内通常有直线关系，即

$$\lg M = A - B V_e \tag{23-1}$$

有时也用自然对数表示

$$\ln M = A' - B' V_e \quad (A' = 2.303A, B' = 2.303B) \tag{23-2}$$

式中，A、B 在一定的实验条件下为常数。A、B 可以通过作图求出，也可用最小二乘法求出。B 是直线段的斜率，其值越小，柱子的分辨能力越高，当分子量大于 M_a 和小于 M_b 时，洗提体积与分子量基本无关，也就是说，色谱柱对分子量处于 $M_a \sim M_b$ 之间的试样有分离作用，对在这一分子量范围以外的没有分离的作用。

3. 普适校正原理

通过标定曲线，就能从 GPC 谱图上计算各种所需要相对分子质量和相对分子质量分布的信息。但是，聚合物中能够制得标样的聚合物种类并不多，没有标样的聚合物就不可能有标定曲线，使用 GPC 方法也不可能得到聚合物的相对分子质量和相对分子质量分布。所幸的是在 GPC 方法中可以使用普适校正。

由于 GPC 对聚合物分子的分离是基于分子流体力学体积，即相同的分子流体力学体积，在同一个保留时间流出，即流体力学体积相同。

两种柔性链的流体力学体积相等：

$[\eta]_1 M_1 = [\eta]_2 M_2$（式中标样聚苯乙烯用下标 1 表明，被测试样用下标 2 表明）

$$K_1 M_1^{\alpha_1 + 1} = K_2 M_2^{\alpha_2 + 1}$$

两边取对数，整理得：

$$\lg M_2 = \frac{\alpha_1 + 1}{\alpha_2 + 1} \lg M_1 + \frac{1}{\alpha_2 + 1} \lg \frac{K_1}{K_2} \tag{23-3}$$

即如果已知标样物（单分散聚苯乙烯）和被测物的 K、α 值，就可以由已知相对分子质量的标样 M_1 标定待测样品的相对分子质量 M_2。依此，可得被测试样的标定曲线。

4. 由 GPC 谱图可计算试样的平均分子量和多分散系数。

（1）定义法 将 GPC 谱图切割成与纵坐标平行的长条，假如把谱图切割成 n 条（$n \geqslant 20$），并且每条的宽度都相等，而每条的高度用 H_i 表示，见图 23-4 所示，相当于把试样分成 n 个级分，每个级分的体积相等。

从 GPC 谱图上，在相等的淋洗体积间隔处读出谱线对基线的高度 H_i，H_i 与聚合物浓度成正比，每个级分中聚合物在总样品中所占的质量分数为 W_i：

$$W_i(V_R) = \frac{H_i}{\sum_i H_i} \tag{23-4}$$

再根据标定曲线或普适标定曲线读出对应于各保留体积间隔的分子量 M_i。最后根据各种平均分子量的定义可计算出各种平均分子量和多分散系数。

$$\overline{M}_w = \sum_i M_i \frac{H_i}{\sum_i H_i} \tag{23-5}$$

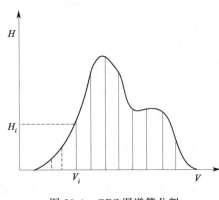

图 23-4　GPC 图谱等分割

$$\overline{M}_n = \left\{ \sum_i \left(\frac{1}{M_i} \frac{H_i}{\sum_i H_i} \right) \right\}^{-1} \qquad (23\text{-}6)$$

$$\overline{M}_\eta = \left\{ \sum_i \left(M_i^\alpha \frac{H_i}{\sum_i H_i} \right) \right\}^{1/\alpha} \qquad (23\text{-}7)$$

$$\frac{\overline{M}_w}{\overline{M}_n} = \sum_i \left(M_i \frac{H_i}{\sum_i H_i} \right) \sum_i \left(\frac{1}{M_i} \frac{H_i}{\sum_i H_i} \right) \qquad (23\text{-}8)$$

注意，在计算中假定了每一保留体积间隔内淋出的溶液中聚合物的分子量是均一的，因此如果所取间隔较大，在这一间隔内淋出的聚合物分子量就不可能均一，假定的与实际偏差就较大。所以实际计算时取点应该尽可能多，至少应有 20 个以上。

（2）函数适应法　在 GPC 图中，纵坐标表示淋出液的浓度，即单位体积溶液中溶质的质量，其值与试样的质量分数成比例；横坐标是洗提体积，其值与分子量的对数成比例。GPC 图可看做是以分子量的对数值为变量的微分质量分布曲线。若试样的 GPC 图是正态分布，则可以用正态分布函数（高斯分布函数）来描述。经数学推导，得到计算各种平均分子量及分布宽度系数（d）的表达式：

$$\overline{M}_n = M_P \exp(-B^2 \sigma^2 / 2) \qquad (23\text{-}9)$$

$$\overline{M}_w = M_P \exp(B^2 \sigma^2 / 2) \qquad (23\text{-}10)$$

$$\overline{M}_z = M_P \exp(3B^2 \sigma^2 / 2) \qquad (23\text{-}11)$$

$$d = \overline{M}_w / \overline{M}_n = \exp(B^2 \sigma^2) \qquad (23\text{-}12)$$

式中，M_P 为峰位置的分子量；σ 为标准偏差，$\sigma = \frac{1}{4} W$（W 为峰底宽）；B 为校正曲线的斜率（用自然对数式）。

由上面的公式可见，各种平均分子量和分布宽度指数只与峰位置分子量、峰宽 W 和分子量-洗提体积校正曲线的斜率 B 有关，可直接由原始谱图计算，数据处理很方便。但是，若试样的 GPC 图不是正态分布，此法就不适用，需用谱图分割法。

三、实验仪器及试剂

1. 实验仪器

Waters150-C 凝胶渗透色谱仪（包括进样系统、色谱柱、示差折光仪、级分收集器等）。

2. 实验试剂

聚苯乙烯、四氢呋喃。

四、实验步骤

1. 开启稳压电源，等仪器稳定后进样。

2. 配制 10mL 0.05％～0.3％的聚苯乙烯/四氢呋喃溶液，用聚四氟乙烯过滤膜把溶液过滤到 4mL 的专用样品瓶中，待用。

3. 进样前，在主机面板上设置分析时间、进样量、流速等测试条件，并打开输液泵，将流速调至 1mL/min。

4. 开启示差折光仪，开启 740 数据处理机，输入标定曲线等必要的参数。

5. 将溶液注入体系，测试。在测试过程中，要注意仪器工作是否正常，如正常，45min 后可直接从 740 处理机上得到谱图。

五、实验记录及数据处理

（一）实验条件（表 23-1）

表 23-1　实验条件记录表

标样	淋洗液	色谱柱	柱温	溶液浓度	进样量	流速

（二）实验数据处理

1. GPC 的标定（表 23-2）

表 23-2　标样测试数据

标样序号	相对分子质量 M	淋洗体积 V_e
1		
2		
3		
⋮		

作 $\lg M$-V_e 图得 GPC 的标定关系。

2. 样品测定

本实验采用定义法处理数据。数据列表如表 23-3：

表 23-3　样品测试数据

分割块序号	V_{ei}	H_i	M_i	H_iM_i	H_i/M_i
1					
2					
3					
⋮					
19					
20					

根据上表记录的数据，计算 $\sum\limits_i H_i$、$\sum\limits_i H_iM_i$ 和 $\sum\limits_i \dfrac{H_i}{M_i}$，并按式（23-5）～式（23-8）计算出样品数均相对分子质量 $\overline{M}_n$、重均相对分子质量 $\overline{M}_w$ 和多分散系数 d。

六、思考题

1. GPC 测定分子量是绝对方法还是相对方法？为什么？

2. 为什么在凝胶渗透色谱实验中，样品溶液浓度不必准确配置？

3. 何为普适校正曲线？

4. 同样分子量样品，支化度大的分子和线性分子哪种先流出色谱柱？为什么？

实验 24　聚合物沉淀分级

一、实验目的

1. 了解高分子溶液相分离原理。

2. 掌握沉淀分级法的基本原理和操作方法，并用沉淀分级法对甲基丙烯酸甲酯进行分级。

3. 掌握分级数据处理方法。

二、实验原理

分级方法大致分为制备方法和分析方法两大类，前者是个别分离的级分，后者只是得到分子量分布曲线。所有各种方法中，温度梯度与溶剂梯度相结合的梯度淋洗色谱法是制备方法中分级效率最高的，而体积排除色谱法（SEC）则是分析方法中既简便、重复性又较好、较为准确的方法。

沉淀分级的方法是利用聚合物的分子量与其溶解度的依赖关系，将不同分子量的大分子级分分开。沉淀分级的实际操作是将多分散聚合物溶解在适当的溶剂（不良溶剂）中，通过不断改变溶剂条件（如逐步加沉淀剂或逐步降温）来逐步减小溶剂分子与高分子链单元的相互作用，当这种作用不足以克服高分子间的相互作用力（内聚力）时，高分子链将凝聚起来，直至形成沉淀从溶剂中分离出来。又因为高分子间的内聚能取决于分子量，分子量越大，内聚能越大，所以逐步加入沉淀剂或逐步降温时，分子量大的分子由于分子间凝聚力大，首先从溶剂中分离出来，然后是高分子按照分子量由大到小的次序从溶液中分离出来。由此法可得聚合物分子量分布情况。图 24-1 是低分子部分互溶双液体系相图。T_c 为临界共溶温度，在 T_c 以下溶液分层，两层中均含有 A、B 两种成分，两液相的相对量可用杠杆原理测出。对不同体系比较时，互溶性越好，其 T_c 越低。

无定形态聚合物溶解过程相似于部分互溶的两种液体相混合。由于分子间内聚力的大小和分子运动的速率均依赖于分子量，所以聚合物-溶剂体系的临界共溶温度随分子量的增加而升高，也就是说，要在较高的热运动时才能克服内聚力而使较大的分子均匀分散在溶剂中，在恒温下向聚合物溶液中加入沉淀剂（可溶于该溶剂的非溶剂）时，由于溶剂化作用下降，相对地增加了大分子链之间的内聚力，产生相分离。用这种方法进行分级，称为沉淀分级。刚刚产生相分离时，沉淀剂在溶剂-沉淀剂体系中所占的体积分数或质量分数称为沉淀点。在指定温度时，沉淀点和聚合物质量浓度及聚合物分子量有关，分子量越大，沉淀点越小。换而言之，分子量大的部分先沉淀出来。

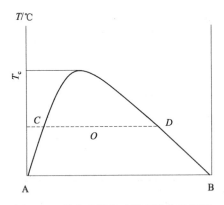

图 24-1　低分子部分互溶双液体系相图

由于大分子与溶剂体积大小相差悬殊，两相分离时是聚合物的凝聚相与稀溶液相之间的平衡。分级理论基础就是大分子在两相中的分配的分子量依赖性，结果是分子量大的部分在稀相中的含量少，而分子量小的部分在稀相中却很多，加上分子量小的部分是分子量大的部分的良溶剂，因局部沉淀和吸附等原因，大分子析出时也会带下部分分子量较小（未达沉淀点）的部分，因此，各种分子量的大分子在两相中皆存在，只是浓度不同。所以只通过一次沉淀分级不可能得到分子量均一的级分，而且第一、第二级分常常具有较宽分子量分布。要提高分级效率，增加一次分级中的级分数作用不大，必须进行再次分级。实践验证认为，一次分级中级分数在六七个级分已足够。

产生相分离时，析出的沉淀可能是粉末状、棉絮状、凝液状和部分结晶的微粒，视聚合物溶剂和沉淀剂的性质与分级条件而异。如何选择合适的溶剂体系，至今缺乏理论指导，多半凭经验。

一般来说，合适溶剂-沉淀剂体系应使析出的是凝液相，因为只有是凝液相时，分子链才容易扩散，才能使相分离达到热力学的平衡。此外尚要求溶剂、沉淀剂的沸点不太高，以免级分干燥困难，但也要避免分级过程中溶剂的挥发，沉淀点对分子量的依赖性越敏感越好。对结晶聚合物的分级应在其熔点以上进行。

分级溶液的起始浓度对分级效率也有影响。分级效率取决于凝液相和稀液相体积比，体积比越小，分级效率越高，但浓度太稀时，体积比很大，对操作不利，一般采用的起始浓度为 1% 较为合适。

三、实验仪器及试剂

1. 实验仪器

恒温水槽一套（玻璃缸、搅拌器、加热器、控温仪、温度计），3000mL 三口烧瓶两只，50mL 滴液漏斗，量筒，锥形瓶，2#熔砂漏斗，吸滤瓶，水锅。

2. 实验试剂

聚甲基丙烯酸甲酯，蒸馏水，丙酮。

四、实验步骤

1. 溶解试样

称取 15g 聚甲基丙烯酸甲酯于锥形瓶中，加入 500mL 丙酮，由于聚合物的溶解速度慢，可置于 50℃水浴中使其溶解。待聚合物全部溶解后，用 2#熔砂漏斗将溶液过滤到 3000mL 的三颈烧瓶中，锥形瓶中残留液用丙酮清洗，清洗液也倒入三颈瓶，再往烧瓶中补加溶剂至溶液总体积为 1500mL，将溶液充分混合均匀。

2. 滴加沉淀剂

将三颈瓶放入 25℃恒温水槽，中间的颈装入配有玻璃搅拌棒的搅拌器，另一颈中装入 50mL 的滴液漏斗，开启搅拌器，搅拌速度不宜太快，以防止溶液中高分子受强烈机械搅拌而降解。自滴管慢慢滴加蒸馏水，调节搅拌速度和滴加速度以避免产生沉淀。当加至 200mL 左右时，接近沉淀点，改用丙酮-水（体积比 1∶1）的混合溶剂，并降低滴加速度，当溶液出现微弱浑浊时停止加沉淀剂，将三颈烧瓶取出，放到 50℃水浴中摇晃使沉淀重新溶解，澄清后再将三颈烧瓶放回 25℃恒温水槽，静置。

3. 制取第一级分

上述溶液静置 24h 后，随时观察瓶中沉淀的沉降情况。当沉淀已成较坚实的胶状凝液相时，小心将上层清液倾入另一预先干燥的三颈瓶作为母液。留有沉淀的三颈瓶中加入适量丙酮，使沉淀溶解，形成的溶液倒入大量蒸馏水中，并不断搅拌使成棉絮状沉淀，过滤，并用蒸馏水洗涤沉淀，滤液并入母液，把得到的沉淀放到通风橱晾干，然后放到 50℃真空干燥箱中烘至恒重，即为第一级分，称出其质量。

4. 制取其它级分

再将盛有母液的烧瓶放入 25℃ 恒温水槽，重复上面的滴加沉淀剂和制取级分操作，这样依次得到分子量由大到小的各个级分。分级过程由于沉淀剂不断加入，溶液体积越来越大，溶液越来越稀，而溶液中高分子分子量越来越小，到制备最后一个级分时，即使加入大量沉淀剂，也难将最后一个级分沉淀下来，须先减压蒸馏，减少溶剂的量，使溶剂体积浓缩到 300mL 以下，再加入大量蒸馏水，使级分沉淀下来，经过滤、洗涤、真空干燥，得到最后一个级分。

各级分编好序号，恒重后，各级分分别测定特性黏数。

五、实验数据记录及处理

（一）实验记录（表24-1）

试样 ＿＿＿＿＿＿＿＿＿＿＿＿＿＿＿；温度 ＿＿＿＿＿＿＿＿＿＿＿＿＿＿＿；

溶剂 ＿＿＿＿＿＿＿＿＿＿＿＿＿＿＿；沉淀剂 ＿＿＿＿＿＿＿＿＿＿＿＿＿＿。

表 24-1　实验数据表

级分序号	1	2	3	4	5	6	7
级分质量 W_i/g							
级分质量分数 w_i							
特性黏数 $[\eta]$/(dL/g)							
黏均分子量 $\overline{M}_\eta$							

（二）数据处理

1. 计算各级分质量分数和分级损失

分级损失＝（原试样质量－各级分质量和）/原试样质量

由实验所得数据，假定分级损失平均分配于每一级分，算出各级分的质量分数：

$$w_i = \frac{W_i}{\sum W_i}$$

2. 画出分级曲线

用习惯法作积分分子量分布曲线和微分分布曲线。

以黏度法测得分子量值为横坐标，以质量分数逐级叠加所得值为纵坐标作垂直线，连接各垂直线得到阶梯形分级曲线（见图 24-2 曲线 1）。根据习惯法两个基本假设把阶梯形分级曲线各个阶梯高度的中点连接起来，得到一平滑曲线（见图 24-2 曲线 2），即得分子量质量积分分布曲线（分子量的累积质量分布曲线）。

累积质量分数表示为：

$$I(M_i) = \frac{1}{2}w_i + \sum_{j=1}^{j=i-1} w_j$$

取积分分布曲线上各点的斜率（dI/dM）对分子量作图，所得曲线即为习惯法微分分布曲线，见图 24-3。

画积分分布曲线时应顺势平滑，当此要

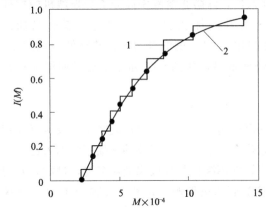

图 24-2　累积质量分布曲线

求难以达到时，曲线不一定经过全部垂直线的中点，但应使被画在积分曲线上方的阶梯形线下面积与画在积分曲线下方的非阶梯形曲线下的面积（即画出和画入的阶梯形曲线下面积）在左右邻近处基本相等。

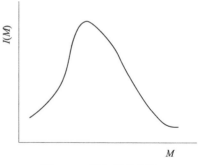

图 24-3　微分质量曲线

（习惯法作图的两个基本假设：每一级分的分子量对应于它的平均分子量；相邻级分分子量分布没有交叠。根据这两个假定，通过阶梯形分级曲线各个阶梯高度中点，连成一光滑曲线，即为聚合物分子量的累积质量分布曲线。）

附上分子量的质量积分分布曲线图、分子量的质量微分分布图。

六、思考题

1. 应用分级的方法测定聚合物的分子量分布时，能否直接用实验所得的各个级分的质量分数对每一级分的平均分子量作图，得到该聚合物的分子量分布曲线？

2. 在沉淀分级实验操作中如何使体系尽可能达到热力学平衡？

第八单元 聚合物的结构

实验 25 偏光显微镜测高聚物球晶形态

一、实验目的

1. 了解偏光显微镜的原理、结构及使用方法。

2. 学习用熔融法制备高聚物球晶。

3. 观察聚丙烯、聚乙烯的结晶形态，估算其球晶大小。

二、实验原理

1. **球晶及球晶形成**

晶体和无定形体是聚合物聚集态的两种基本形式，很多聚合物都能结晶。聚合物在不同条件下形成不同的结晶，比如单晶、球晶、纤维晶等，聚合物从熔融状态冷却时主要生成球晶。球晶是聚合物中最常见的结晶形态，大部分由聚合物熔体和浓溶液生成的结晶形态都是球晶。

球晶是以晶核为中心对称向外生长而成的。在生长过程中不遇到阻碍时形成球形晶体；如在生长过程中球晶之间因不断生长而相碰，则在相遇处形成界面而成为多面体，在二维空间下观察为多边形结构。由分子链构成晶胞，晶胞的堆积构成晶片，晶片迭合构成微纤束，微纤束沿半径方向增长构成球晶。

2. **结晶与性能**

结晶聚合物材料的实际使用性能（如光学透明性、冲击强度等）与材料内部的结晶形态、晶粒大小及完善程度有着密切的联系，如较小的球晶可以提高冲击强度及断裂伸长率。球晶尺寸对于聚合物材料的透明度影响更为显著，由于聚合物晶区的折光指数大于非晶区，因此球晶的存在将产生光的散射而使透明度下降，球晶越小，则透明度越高，当球晶尺寸小到与光的波长相当时，可以得到透明的材料。因此，对于聚合物球晶的形态与尺寸等的研究具有重要的理论和实际意义。

3. **影响球晶尺寸的因素**

球晶的大小取决于聚合物的分子结构及结晶条件，因此随着聚合物种类和结晶条件的不同，球晶尺寸差别很大，直径可以从微米级到毫米级，甚至可以大到厘米。球晶尺寸主要受冷却速率、结晶温度及成核剂等因素影响。

4. **球晶的光学效应**

球晶在正交偏光显微镜下可以看到黑十字消光图案，见图 25-3。

球晶在正交偏光显微镜下出现 Maltase 十字的现象可以通过图 25-1 来理解。图中起偏镜的方向垂直于检偏镜的方向（正交）。设通过起偏镜进入球晶的线偏振光的电矢量 **OR**，即偏振光方向沿 **OR** 方向。图 25-1 绘出了任意两个方向上偏振光的折射情况，偏振光 **OR** 通过与分子链发生作用，分解为平行于分子链 η 和垂直于分子链 ε 两部分，由于折射率不同，两个分量之间有一定的相差。显然 ε 和 η 不能全部通过检偏镜，只有振动方向平行于检偏镜方向的分量 OF 和 OE 能够通过检偏镜。由此可见，在起偏镜的方向上，η 为零，$OR = \varepsilon$；在检偏镜方向上，ε 为零，$OR = \eta$；在这些方向上分子链的取向使偏振光不能透过检偏镜，视野呈黑暗，形成 Maltase 十字。

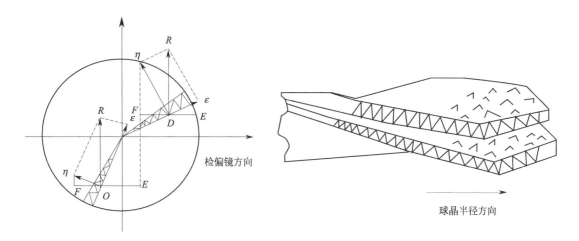

图 25-1　球晶中双折射示意图　　　　　图 25-2　球晶内片晶排列与分子链取向

有些聚合物生成球晶时，晶片沿半径增长时，可以进行螺旋性扭曲（见图 25-2），因此还能在偏光显微镜下看到同心圆消光图像（见图 25-4）。

在正交偏光显微镜下观察非晶体聚合物，因为其各向同性，没有发生双折射现象，光线被正交的偏振镜阻碍，视场黑暗。

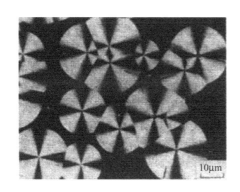

图 25-3　苯乙烯偏光显微镜照片

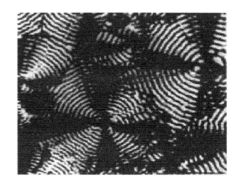

图 25-4　聚乙烯偏光显微镜照片

三、实验仪器及试样

1. 实验仪器

偏光显微镜（图 25-5）、熔融装置、结晶装置、镊子、载玻片、盖玻片。

偏光显微镜是一种精密的光学仪器。有一套光学放大系统和两个偏振片，可用来对结晶物质的形态进行观察和测量，目前偏光显微镜的形式和牌号很多，但基本构造相同。本实验所用偏光显微镜结构分为以下几部分：①仪器底座；②视场光（内有照明灯泡）；③粗动调焦手轮；④起偏振片（起偏振器）；⑤聚光镜；⑥旋转工作台（载物台）；⑦物镜；⑧检偏振片（检偏器）；⑨目镜；⑩勃氏镜调节手轮。

图 25-5　XPT-7 偏光显微镜实物图

2. 实验试样

① 全同聚丙烯、聚乙烯熔体结晶试样（慢冷）；

② 全同聚丙烯浓溶液结晶得到的球晶悬浮液（慢冷，溶剂为十氢萘）；

③ 全同聚丙烯浓溶液结晶得到的球晶悬浮液（自然冷，溶剂为十氢萘）。

四、实验步骤

1. 球晶的制备

（1）熔体结晶　将加热台的温度调整到 230℃ 左右，在加热台上放上载玻片，并将一小颗聚丙烯试样放在载玻片上，盖上盖玻片，熔融后用镊子小心地压成薄膜状。做两块同样的试样，做好后保温片刻，将其中的一片取出放在石棉板上，以较快的速率冷却，另一片放在已升温至 230℃ 左右的烘箱内，并关掉加热电源，以较慢的速率冷却待用。

（2）浓溶液结晶　取聚丙烯数颗置于标记好的三只 25mL 磨口三角烧瓶中，加入适量十氢萘并加热溶解，然后分别置于冷水中、空气中及已加热到 150℃ 的烘箱中（放入后关掉电源自然冷却），以显著不同的冷却速率使三只样品分别冷却结晶，后者由于冷却速率很慢，可预先制样。根据实验时间的安排，样品制备可由教师预先完成。

2. 偏光显微观察

① 在显微镜上装上物镜和目镜，打开照明电源，推入检偏镜，调整起偏镜角度至正交位置。

② 在试板孔插入 1λ 石膏试板，观察干涉色。

③ 取少量溶液结晶生成的球晶悬浮液（慢冷）滴于载玻片上，并盖上盖玻片。

④ 将试样置于载物台中心，调焦至图像清晰。

⑤ 取少量溶液结晶生成的悬浮液（自然冷）制样观察。

⑥ 熔体结晶的样品进行同样观察。

注意：调焦时，应先使物镜接近样片，仅留一窄缝（不要碰到），然后一边从目镜中观察，一边调焦（调节方向务必使物镜离开样片）至清晰。

3. 球晶直径的测量

（1）用物镜测微尺对目镜测微尺进行校正　将物镜测微尺放在载物台上，采用与观察试样时相同的物镜与目镜进行调焦观察，并将物镜测微尺与目镜测微尺在视野中调至平行或重叠，如测得目镜测微尺的 N 格与物镜测微尺的 X 格重合，则目镜测微尺上每格代表的真正长度 D 为：

$$D = 0.01X/N \text{（mm）}$$

（2）估算球晶半径

不改变显微镜上的粗动旋钮，样品换下测微尺，移动视野，选择球晶形状较规则、数量较多的区域进行测量，然后寻找另一个视野，重复测量。测量：读出被测球晶半径（直径）对应的测微尺格数，即可得到球晶的半径（直径）大小。

五、实验数据记录及处理

1. 球晶直径的测量数据（表 25-1～表 25-3）

2. 附上偏光显微图像

表 25-1　目镜测微尺校正

物镜放大倍数	目镜测微尺格数 N	物镜测微尺格数 X	目镜测微尺每格代表的真正长度 $D/\mu m$

注：目镜测微尺每格代表的真正长度 D 根据式 $D=0.01X/N$（mm）计算。

表 25-2　等规 PP 溶液结晶（慢冷）的球晶尺寸

序　号	1	2	3	4	5	6	7	8
目镜测微尺格数 N								
球晶直径 d/mm								
平均直径 $\bar{d}/mm$								

注：球晶直径 d 根据 $d=ND$ 计算。

表 25-3　等规 PP 溶液结晶（自然冷）的球晶尺寸

序　号	1	2	3	4	5	6	7	8
目镜测微尺格数 N								
球晶直径 d/mm								
平均直径 $\bar{d}/mm$								

注：球晶直径 d 根据 $d=ND$ 计算。

六、注意事项

1. 在溶液结晶样品的制样过程中，取样量不宜过多，半滴即可，因为十氢萘对皮肤黏膜有刺激性，并且对人体有麻醉作用。而且量过多也容易造成球晶堆叠而影响观察。

2. 压制试片时要严格控制温度，温度太高，聚乙烯分解变黄；温度过低，部分样品未熔化，试样不均匀。

3. 测量球晶直径时，应在不同的视野下，选取尺寸具有代表性的球晶进行测量。

4. 偏光显微镜的载物台与相差显微镜或普通光学显微镜不同，是可以沿旋转轴转动的。因为在偏光显微镜的光学系统中，载物台的旋转轴、物镜中轴及目镜中轴应当严格在一条直线上。如果它们不在一条直线上，当转动载物台时，视域中心的物像将离开原来的位置，连同其它部分的物像绕另一中心旋转。在这种情况下，不仅可能把视域内的某些物像转出视域之外，妨碍观察，而且影响某些光学数据的测定精度。特别是使用高倍物镜时，根本无法观察。因此，必须进行校正，称为"校正中心"。本实验中由于对测量精度要求不高，主要目的是观察球晶形态，所以没有进行校正。

七、思考题

1. 解释球晶在偏光显微镜中出现十字消光图像和同心圆消光图像的原因。

2. 溶液结晶与熔体结晶形成的球晶的形态有何差异？造成这种差异的原因是什么？

3. 本实验中，溶解聚丙烯的溶剂为什么采用十氢萘而不选用环己烷等？

4. 影响球晶生长的主要因素有哪些？

实验 26 密度法测定聚合物结晶度

一、实验目的

1. 学习密度法测定聚合物结晶度的原理和方法。
2. 区别和理解用体积分数和质量分数表示的结晶度。
3. 掌握密度瓶的正确使用方法。

二、实验原理

在聚合物的聚集态结构中，分子链排列的有序状态不同，其密度就不同。有序程度愈高，分子堆积愈紧密，聚合物密度就愈大，或者说比体积愈小。聚合物在结晶时，分子链在晶体中作有序密堆积，使晶区的密度 ρ_c 高于非晶区的密度 ρ_a。如果采用两相结构模型，即假定结晶聚合物由晶区和非晶区两部分组成，且聚合物晶区密度与非晶区密度具有线性加合性，即

$$\rho = f_c^V \rho_c + (1 - f_c^V) \rho_a \tag{26-1}$$

则

$$f_c^V = \frac{\rho - \rho_a}{\rho_c - \rho_a} \tag{26-2}$$

若假定晶区和非晶区的比体积具有加合性，则

$$V = f_c^W V_c + (1 - f_c^W) V_a \tag{26-3}$$

得

$$f_c^W = \frac{V_a - V}{V_a - V_c} = \frac{1/\rho_a - 1/\rho}{1/\rho_a - 1/\rho_c} \tag{26-4}$$

式中 ρ、ρ_c、ρ_a——分别为聚合物、晶区和非晶区的密度；

V、V_c、V_a——分别为聚合物、品区和非品区的比体积；

f_c^V——用体积分数表示的结晶度；

f_c^W——用质量分数表示的结晶度。

由式（26-2）和式（26-4）可知，若已知聚合物试样完全结晶体的密度 ρ_c 和聚合物试样完全非结晶体的密度 ρ_a，只要测定聚合物试样的密度 ρ，即可求得其结晶度。

本实验采用悬浮法测定聚合物试样的密度，即在恒温条件下，在加有聚合物试样的试管中，调节能完全互溶的两种液体的比例，使聚合物试样不沉也不浮，悬浮在混合液体中部。根据阿基米德定律可知，此时混合液体的密度与聚合物试样的密度相等，用密度瓶测定该混合液体的密度，即可得聚合物试样的密度。

三、实验仪器及试剂

1. 实验仪器

25mL 密度瓶 1 只，50mL 量筒 1 支，玻璃搅拌棒 1 根，滴管 2 支，卷筒纸和电子天平。

2. 实验试剂

聚乙烯试样 A（粒状），聚乙烯试样 B（片状），蒸馏水，95％乙醇。

四、实验步骤

① 样品处理 为了除去催化剂，杂质及表面吸附的空气，预先将样品放置在盛有甲醇的烧杯内渍煮数次，备用。

② 在量筒中加入 95％乙醇 15mL，然后加入数粒聚乙烯试样，用滴管加入蒸馏水，同时上下搅拌，使液体混合均匀，直至样品不沉也不浮，悬浮在混合液中部，保持数分钟，此

时混合液体的密度即为该聚合物样品的密度。试验装置如图 26-1 所示。

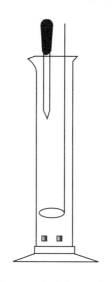

图 26-1　实验装置示意图　　　　　　　　　图 26-2　密度瓶示意图

③ 混合液体密度的测定。先用电子天平称得干燥的空密度瓶的质量 W_0（图 26-2 为密度瓶示意图），然后取下瓶塞，灌满被测混合液体，盖上瓶塞。多余液体从毛细管溢出。然后用卷筒纸擦去溢出的液体，称得装满混合液体后密度瓶的质量 W_1。之后倒出瓶中液体，用蒸馏水洗涤数次后再装满蒸馏水，擦干瓶体，称得装满蒸馏水后密度瓶的质量 $W_水$，若已知实验温度下蒸馏水的密度 $\rho_水$，则混合液体的密度可按式（26-5）求得：

$$\rho = \frac{W_1 - W_0}{W_水 - W_0} \rho_水 \qquad (26-5)$$

④ 取另外一只干燥的密度瓶，换一种聚乙烯试样，重复步骤②和步骤③。

五、实验数据记录及处理

1. 实验记录（表 26-1）

样品名称＿＿＿＿＿＿＿＿＿＿＿＿＿；实验温度＿＿＿＿＿＿＿＿＿＿＿＿＿。

表 26-1　称量记录表

样品编号	空密度瓶 W_0/g	装满混合液体后的质量 W_1/g	装满蒸馏水后的质量 $W_水$/g
A			
B			

2. 数据处理

（1）计算待测样品密度

按式（26-5）计算待测样品密度：

水的密度 $\rho_水$＿＿＿＿＿＿＿＿＿＿＿；待测样品 A 的密度＿＿＿＿＿＿＿＿＿＿＿；待测样品 B 的密度＿＿＿＿＿＿＿＿＿＿＿。

（2）结晶度计算（表 26-2）

从文献中查出聚乙烯完全结晶体密度和完全非结晶体密度，按式（26-2）和式（26-4）计算 A、B 两种聚乙烯的结晶度。

表 26-2　结晶计算结果表

样品编号	待测样品密度 $\rho/(g/cm^3)$	结　晶　度	
		体积分数/%	质量分数/%
A			
B			

六、注意事项

1. 两种液体应充分搅拌均匀。

2. 密度瓶的液体要加满，不能有气泡。

3. 先称空瓶的质量，再称装满混合液体的质量，最后称装满蒸馏水的质量。

七、思考题

1. 高聚物的结晶有何特点？

2. 影响实验结果的因素有哪些？

实验 27　聚合物双折射测定

一、实验目的

1. 初步掌握浸油法测定合成纤维的双折射。

2. 学习阿贝折射仪使用方法。

二、实验原理

光在取向的纤维中双折射现象的产生是纤维各向异性的表现，由于在平行于和垂直于纤维轴两个方向上原子的排列和相互作用情况大不相同，极化率不同，因而折射率也不同，即两束光的折射程度不同。

设纤维轴方向上折射率为 $n_{/\!/}$，垂直于纤维轴方向上的折射率为 $n_\perp$，定义双折射率 Δn 为这两个相互垂直方向上折射率之差，即

$$\Delta n = n_{/\!/} - n_\perp \tag{27-1}$$

取向前，材料各向同性，$\Delta n = 0$；取向后，$n_{/\!/}$ 与 $n_\perp$ 不再相等，Δn 增加。由于高分子链并不是沿纤维轴成理想取向状态，取向程度愈高，$n_{/\!/}$ 与 $n_\perp$ 相差愈大，即 Δn 值愈大，因此 Δn 可作为衡量取向度的指标。

测定双折射率的方法较多，常用的有浸油法和光程差法。

（1）浸油法　根据式(27-1)，只要分别测出 $n_{/\!/}$ 和 $n_\perp$，即可算出 Δn 值。固体的折射率不容易直接测定，但可采用浸油法作间接测定。

配备一组折射率已知的液体，把纤维浸入液体介质中，通过偏光显微镜观察纤维与液体的界面，并比较它们折射率的相对大小。如果纤维和液体的折射率相等，则光线在它们的界面上不产生折射现象，在偏光显微镜下观测不到它们之间的界线，好像纤维"溶解"在液体里一样。如果纤维与液体的折射率不同，在偏光显微镜下可观察到纤维与液体的界面有一条明亮的光带，即贝克线。如果纤维的折射率大于浸油，光线通过纤维的边缘时，向纤维一侧倾斜，自纤维边缘倾斜的光线和通过纤维中部未发生倾斜的光线，在纤维上部相交，使得纤维边缘靠近纤维（折射率较大的）的一侧光被增强了，而纤维边缘本身光却变弱了，因此显微镜下可以清楚地看到纤维的黑暗边缘以及一条亮线，当提高镜筒时，亮线向折射率较大的

纤维方向移动；反之，则向相反方向移动。也就是说，不管哪种介质的折射率高，提高镜筒时，贝克线总是向折射率高的介质移动，如图 27-1 所示，依此就很容易判断纤维与浸油折射率的相对大小。

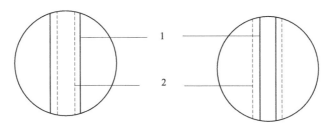

图 27-1　偏光显微镜中纤维的贝克线
1— 纤维轮廓线；2—贝克线

利用这一特点，我们可以找到折射率与纤维相同的液体（也就是分别找到折射率与纤维 $n_{/\!/}$、$n_{\perp}$ 相同的液体），该液体的折射率就是纤维的折射率。

液体，即浸油的折射率用阿贝折射仪来测定，阿贝折射仪是通过测定全反射临界角来计算折射率的。

设 n_1、n_2 为两种媒质的折射率，i_1、i_2 分别是入射角和折射角。根据斯涅尔折射定律，$n_1 \sin i_1 = n_2 \sin i_2$。当 $n_2 < n_1$ 时，$i_2 > i_1$。当入射角增至某一数值，

$$i_c = \arcsin(n_2/n_1) \tag{27-2}$$

此时，$i_2 = 90°$。当 $i_1 > i_c$ 时，折射线消失，光线全部反射。这现象称为全反射，i_c 称为全反射临界角。若 n_1 已知，测定 i_c 后，即可计算待测物质的折射率 n_2，

即
$$n_2 = n_1 \sin i_c \tag{27-3}$$

实际测量中，阿贝折射仪已将临界角的值通过联动装置转换成了待测物质的折射率，可以直接读取。

（2）光程差法　由于光在媒质中的传播速率与折射率有关，因此纤维轴方向上的光速与垂直于纤维轴方向上的光速是不一样的。纤维轴方向上极化率大，折射率 $n_{/\!/}$ 也大，光速 $V_{/\!/}$ 则较慢；而垂直于纤维轴方向上极化率小，折射率 $n_{\perp}$ 也小，光速 $V_{\perp}$ 则较快。这样振动面平行于纤维轴的偏振光与振动面垂直于纤维轴的偏振光通过纤维的时间（分别用 $t_{/\!/}$、$t_{\perp}$ 表示）就不等。设纤维厚度为 d，则 $t_{/\!/} = d/V_{/\!/}$，$t_{\perp} = d/V_{\perp}$，且 $t_{/\!/} > t_{\perp}$。当后一束偏振光透出纤维时，前一束偏振光仍在纤维中，因此后一束光比前一束在空气中多传播的距离就相当于两束光的光程差 R，故有

$$R = V_0(t_{/\!/} - t_{\perp}) = V_0\left(\frac{d}{V_{/\!/}} - \frac{d}{V_{\perp}}\right) = d\left(\frac{V_0}{V_{/\!/}} - \frac{V_0}{V_{\perp}}\right) \tag{27-4}$$
$$= d\,(n_{/\!/} - n_{\perp}) = d\Delta n$$

式中，V_0 为光在空气中的传播速率，由此得

$$\Delta n = \frac{R}{d} \tag{27-5}$$

根据式（27-5），如果测出光程差 R 和纤维的厚度 d，也就可以算出 Δn 值。

本实验采用浸油法测定纤维的双折射率。

三、实验仪器及试剂

1. 实验仪器

XPT-7 型偏光显微镜，阿贝折射仪，恒温槽。

2. 实验试剂

合成纤维试样，浸液。

四、实验步骤

1. 检查和熟悉偏光显微镜。

2. 剪一段合成纤维单丝，放在载玻片上，再用盖玻片盖上，选择中等放大倍数物镜进行调焦观察。

3. 校正物镜的同心度。

4. 校正起偏镜的振动面，使起偏镜和检偏镜正交，此时视野最暗。如果此时将纤维试样放在载物台上并使纤维轴和目镜十字线的任一方向一致时，纤维呈黑暗，那就说明起偏镜与检偏镜和目镜十字线的方向一致。否则，如放置纤维后视野黑暗而纤维明亮。则表明即使起偏镜与检偏镜相互垂直，但与十字线的方向不一致，这就需要校正，校正好以后在测量时才可确定纤维轴和起偏镜振动方向是平行的还是垂直的，从而确定得到的值是 $n_{/\!/}$ 还是 $n_\perp$。

5. $n_{/\!/}$ 的测定

将试样放在载物台上，滴上一滴浸液并用盖玻片盖好，退出检偏镜，只使用起偏镜，在平行于纤维轴的方向进行观察。上下移动镜筒，观测贝克线移动方向，从而鉴定纤维折射率是大于或小于浸油，然后再决定选用折射率更大或更小的浸油。如果在显微镜下看不清贝克线，即纤维好像"溶解"在浸油里时，说明浸油的折射率与纤维的折射率已很接近了，要小心观测。一直测量到折射率间隔相差为 0.003～0.005 的两个相邻的浸液时，其中一个浸液的折射率比纤维高，而另一个比纤维低，此时试样的折射率即可认为是这两个浸液折射率（n_1 和 n_2）的平均值。

6. $n_\perp$ 的测定

把载物台旋转 $90°$，对垂直于纤维轴的方向再作同样的测定，测出 n_1' 和 n_2'，求出垂直方向的折射率。测试时如采用钠光照明，可减小色散效应而提高准确度。

上述测量时相邻的两个浸油的折射率间隔越小，则测定准确性越高。对于正常眼睛来说，折射率之差小于 0.002 时贝克线已经看清楚，所以在白光下进行测定一般不可能得到比 0.002～0.004 更大的准确度。

7. 浸油的折射率用阿贝折射仪测定。

五、实验记录及数据处理 （表 27-1）

样品名_____；温度_____；

偏光显微镜型号_____；阿贝折射仪型号_____。

表 27-1　纤维试样测试实验数据

平行于纤维轴方向折射率			垂直于纤维轴方向折射率				双折射 Δn
浸液编号	n_1	n_2	$n_{/\!/}$	浸液编号	n_1'	n_2'	$n_\perp$	
1				$1'$				
2				$2'$				

注：$n_{/\!/}=\dfrac{n_1+n_2}{2}$，$n_\perp=\dfrac{n_1'+n_2'}{2}$，$\Delta n=n_{/\!/}-n_\perp$。

六、注意事项

测定时两介质的交界线应尽量接近视域中心，同时应尽量减小光圈，挡去视域中倾斜度较大的部分光线。所用物镜不宜采用过高的倍数，因高倍物镜容易产生色差与球差而与贝克线产生混淆。

七、思考题

1. 高分子可取向的单元有哪些？
2. 对于单轴取向与双轴取向的薄片，如何使用双折射来描述其取向程度？

实验 28　溶胀法测定交联聚合物的交联度

一、实验目的

1. 了解溶胀平衡法测定聚合物交联度的基本原理。
2. 掌握质量法测定交联聚合物溶胀度的实验技术。
3. 学会由平衡溶胀度估算交联聚合物的交联密度。

二、实验原理

高分子链之间通过化学键或链段连接成一个三维空间网状大分子即为交联高分子。交联是改善橡胶性能的一种非常重要的方法，交联度的大小与橡胶制品的性能直接相关，因此在对橡胶进行加工时，控制硫化条件、保持适当的交联度就成为实际加工过程中关键的步骤。欲了解橡胶交联度与制品性能的关系，就必须测定橡胶的交联度。本实验采用溶胀平衡法测定橡胶的交联度。

交联聚合物在溶剂中不能溶解，升高温度也不熔融，但可以吸收溶剂而溶胀，形成凝胶。在溶胀过程中，一方面溶剂分子力图渗入高聚物内使其体积膨胀；另一方面，由于交联高聚物体积膨胀导致网状分子链向三维空间伸展，使分子网受到应力而产生弹性收缩能，力图使分子网收缩。当这两种相反的倾向相互抵消时，就达到了溶胀平衡。交联高聚物在溶胀平衡时的体积与溶胀前的体积之比称为溶胀度 Q。

交联高聚物在溶剂中的平衡溶胀比与温度、压力、高聚物的交联度及溶质、溶剂的性质有关。交联高聚物的交联度，通常用相邻两个交联点之间的链的平均相对分子质量 $\overline{M}_c$（即有效网链的平均相对分子质量）来表示。

从溶液的似晶格模型理论和橡胶弹性统计理论出发，可推导出溶胀度 Q 与 $\overline{M}_c$ 之间的定量关系为：

$$\ln\varphi_1 + \varphi_2 + \chi_1\varphi_2^2 + \frac{\rho_2 V_1}{\overline{M}_c}\varphi_2^{1/3} = 0 \tag{28-1}$$

上式就是橡胶的溶胀平衡方程。

式中，ρ_2 是高聚物溶胀前的密度；V_1 是溶剂的摩尔体积；χ_1 是高分子—溶剂之间的相互作用参数；φ_1 是溶胀体中溶剂的体积分数；φ_2 是溶胀体中高聚物的体积分数。也就是平衡溶胀度的倒数。

$$\phi_2 = Q^{-1} \tag{28-2}$$

溶胀平衡时，Q 达一极值。当橡胶交联程度不高时，即 $\overline{M}_c$ 较大时，在良溶剂中，Q 可以大于 10，此时 φ_2 很小，将式(28-1) 中的 $\ln\varphi_1 = \ln(1-\varphi_2)$ 展开，略去高次项，可得如下的近似式：

$$Q^{\frac{5}{3}} = \frac{\overline{M}_c}{\rho_2 V_1}\left(\frac{1}{2} - \chi_1\right) \tag{28-3}$$

所以，在已知 ρ_2、χ_1 和 V_1 的条件下，只要测出样品的溶胀度 Q，利用上式计算求得交联聚合物在两交联点间的平均分子量 $\overline{M}_c$。显然，$\overline{M}_c$ 的大小表明聚合物交联度高低。$\overline{M}_c$

越大，交联点间分子链越长，表明聚合物的交联程度越低；反之，$\overline{M_c}$ 越小，交联点间分子链越短，交联程度就越高。

采用两种方法测定溶胀度，两方法基本原理相同。一种是仪器测试，即用 ZRJ-300 型溶胀仪直接得到样品溶胀过程的质量-时间曲线和溶胀度 Q；另一种方法是质量法，即跟踪溶胀过程，对溶胀体称量，隔一段时间测定一次，直至溶胀体两次质量之差不超过 0.01g，此时认为溶胀体系达到溶胀平衡。溶胀度按下式计算：

$$Q = \frac{\dfrac{w_1}{\rho_1} + \dfrac{w_2}{\rho_2}}{\dfrac{w_2}{\rho_2}} \tag{28-4}$$

式中，w_1 和 w_2 分别为溶胀体中溶剂和聚合物质量；ρ_1 和 ρ_2 分别为溶剂的密度和聚合物溶胀前密度。

注意： 由于聚合物达到溶胀平衡的时间很长，通常要好几天时间，这期间保持恒温水槽正常工作特别重要，主要是高分子-溶剂分子相互作用参数随温度变化而变化，因此必须保证水槽恒温和恒温精度。

三、实验仪器及试剂

1. 实验仪器

ZRJ-300 型溶胀仪	1 台
恒温水槽	1 套
电子分析天平	1 台
大试管（带塞）	2 个
镊子	1 把
称量瓶	1 个
密度瓶（10mL）	1 个

2. 实验试剂

交联天然橡胶，苯。

四、实验步骤

（一）ZRJ-300 型溶胀仪测试 Q

（1）试剂准备 硫化天然橡胶切成长 1.5cm，宽 0.5cm，质量 1～1.5g 的长方体，用丙酮抽提硫。用苯抽提未交联的橡胶分子链，于 40℃真空干燥箱，干燥到恒重后待用。

（2）排液法测定试样密度 将 10mL 的单毛细管密度瓶洗净、烘干，加蒸馏水至满，在 25℃恒温水槽恒温 10min，插上毛细管再恒温一段时间，取出，拭去密度瓶上沾附的水滴，称量为 w_1，将橡胶样品 w_P 放入密度瓶中，注满蒸馏水，试样表面无气泡，恒温 10min，拭干，称量为 w_2，计算橡胶密度 ρ_2：

$$\rho_2(\text{橡胶 } 25℃) = \frac{w_P \rho(\text{H}_2\text{O}, 25℃)}{w_1 - (w_2 - w_P)} \tag{28-5}$$

（3）橡胶溶胀度 Q 测定

① 先接通主机电源，然后接通计算机电源。

② 用左键双击桌面上溶胀试验图标，启动溶胀仪试验软件。

③ 点击工具栏中的"试验设置"按钮，出现试验条件设置界面。填入相关参数，点击"确定"键，程序进入到试验主界面。

④ 试样夹好固定在夹头上，按面板上的"上升"按钮，将试验系统升到试验位置，试样浸入溶剂中（溶剂设置温度为 25℃）。点击"实验开始"，程序自动控制试验进行，查看试验界面"质量-时间"曲线，如果质量不随着时间的增加而增加，且两次之差不超过 0.01g，判断试验达到溶胀平衡，点击"试验结束"，打印或保存试验数据。

⑤ 电脑输出溶胀仪试验报告，由报告得到试样的初始质量、溶胀体最大质量、最大质量时间、溶胀度 Q 等结果数据以及溶胀过程质量-时间曲线显示。

⑥ 测试完毕，取下样品，关闭软件，关闭仪器开关。

（二）质量法测定 Q

1. 橡胶样品处理和密度测定按以上实验步骤（1）和（2）。

2. 溶胀前天然橡胶样品质量的测定

在电子分析天平上先将空称量瓶称重，然后往称量瓶中放入一块橡胶样品，再称重，求出样品质量。称重了的样品放入大试管中，加入苯（溶剂量约至试管三分之一处），盖紧试管塞，把试管放入 25℃ 恒温水槽中溶胀。

3. 溶胀后样品质量的测定

每隔一段时间测定一次样品质量，每次要轻轻地取出溶胀体，迅速用滤纸吸干样品表面附着的溶剂，立即放入称量瓶，盖上瓶塞称重，然后再放回溶胀管中继续溶胀，直至两次称出质量相差不超过 0.01g，即认为溶胀达到平衡。

五、数据记录和处理

实验条件

温度：＿＿＿＿＿＿；样品：＿＿＿＿＿＿；样品密度：＿＿＿＿＿＿；

溶剂：＿＿＿＿＿；溶剂密度：＿＿＿＿＿；溶剂摩尔体积：＿＿＿＿＿＿；

高分子-溶剂分子相互作用参数：＿＿＿＿＿＿。

（一）ZRJ-300 型溶胀仪测试 Q

根据仪器测试报告给出样品溶胀度 Q，根据式（28-3）计算出聚合物两交联点之间分子链平均分子量 $\overline{M}_c$，即交联度。

已知：天然橡胶-苯体系在 25℃ 时，苯的摩尔体积 $V_1 = 89.4 \mathrm{cm}^3/\mathrm{mol}$，高分子-溶剂分子相互作用参数 $\chi_1 = 0.437$，聚合物密度由以上实验步骤中密度瓶测得。

（二）质量法测定 Q

1. 记录样品在溶胀不同阶段的质量以及溶剂质量（表 28-1）。

样品溶胀前质量：＿＿＿＿＿＿。

表 28-1　试验数据记录表

测量时间										溶胀平衡时
溶胀体质量										
溶剂质量										

2. 根据式（28-4）计算橡胶溶胀度 Q 值，再代入式（28-3），计算出橡胶中两交联点之间分子链平均分子量 $\overline{M}_c$，即试样的交联度。

六、思考题

1. 为什么交联高聚物只能溶胀，溶胀和溶解怎样理解？

2. 简述线形聚合物与交联聚合物在适当溶剂中，它们溶胀情况有何不同？

实验 29　用（MP）软件构建全同立构聚丙烯、聚乙烯分子，并计算它们末端直线距离

一、实验目的

1. 了解用计算机软件模拟大分子的"分子模拟"方法。

2. 学会用"分子的性质"软件构造聚丙烯、聚乙烯大分子。

3. 计算主链含 100 个碳原子的聚丙烯分子以及主链含有 100 个碳原子的聚乙烯分子末端距离。

二、实验原理

近年来，由计算机主宰的能够模拟真实发展体系的结构与行为的方法形成了一个全新的领域，这就是"分子模拟"。随着计算机技术的迅速发展，已有大量计算机软件用于高分子科学中的链结构、凝聚态结构、Monte Carlo 模拟以及聚合物材料设计等。

C—C 单键是 σ 键，其电子云分布具有轴对称性。因此键相连的两个碳原子可以相对旋转而不影响电子云的分布。原子或与原子团周围单键内旋转的结果将使原子在空间的排布方式不断地变换。长链分子主链单键的内旋转赋予高分子链以柔性。致使高分子链可任取不同的卷曲程度。高分子链的卷曲程度可以用高分子链两端点间直线距离——末端距来度量，高分子链卷曲越厉害，末端距越短。高分子长链能以不同程度卷曲的特性称为柔性。高分子链的柔性是高聚物具有高弹性的根本原因，也是决定高聚物玻璃化转变温度高低的主要因素。高分子链的末端距是一个统计平均值，通常采用它的平方的平均，叫做均方末端距，通常是用高分子溶液性质的实验来测定的。

"分子的性质"是用计算机以原子水平的分子模型来模拟分子的结构与行为，进而模拟分子体系的各种物理和化学性质。分子模拟法不但可以模拟分子的静态结构，也可以模拟分子的动态行为（如分子链的弯曲运动，分子间氢键的缔合作用与解缔行为，分子在表面的吸附行为以及分子的扩散等）。该法能使一般的实验化学家、实验物理学家方便地使用分子模拟方法在屏幕上看到分子的运动，像电影一样逼真。

长链分子的柔性是高聚物特有的属性，是橡胶高弹性的根由，也是决定高分子形态的主要因素，对高聚物的物理力学性能有根本的影响。高分子链相邻链节中非键合原子间相互作用——近程相互作用的存在，总是使实际高分子链的内旋转受阻。分子内旋转受阻的结果是使高分子链在空间所可能有的构象数远远小于自由内旋转的情况。受阻程度越大，可能的构象数目越少。因此高分子链的柔性大小就取决于分子内旋转的受阻程度。再有，高分子链由一种构象转变到另一种构象时，各原子基团间的排布发生相应的变化，其间相互作用能也随之改变。大多数柔性大分子可以在一系列不同的构象态之间变化。因此比较柔性分子的重要任务之一就是进行构象态的比较，尽管大部分的构象态是那些具有低能量的构象态，但是并不是说只有低能量的构象态才能参加分子间的相互作用。

分子模拟法不但可以模拟分子的静态结构，也可以模拟分子的动态行为（如分子链的弯曲运动，分子间氢键的缔合作用与解缔行为，分子在表面的吸附行为以及分子的扩散等）。还能应用分子力学及分子动态学来进行分子动态的计算。

三、实验仪器

Win98 以上计算机；MP（Molecular Properties）软件。

四、实验步骤

软件的界面由主窗口、图形窗口、按钮窗口和菜单窗口组成（图 29-1）。主窗口位于屏

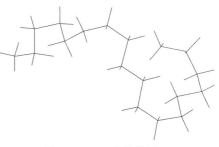

幕的右上角，关闭主窗口也就退出了 MP 软件。屏幕上最大的是图形窗口，用来显示三维的分子图形。其中化学键用线段表示，而用不同颜色表示不同元素：白色为氢，绿色为碳，红色为氧。按钮窗口有三个按钮：主菜单窗口按钮是将菜单窗口返回主菜单窗口；"居中按钮"是计算机根据所画分子的大小和形状，自动选择合适的放大比例，把分子图形显示在图形窗口的中间；而"全不选中按钮"

图 29-1　MP 软件的界面

将使所有的原子退出被选中状态。

所有操作均由鼠标器的左右键以及它们与 Shift 、 Ctrl 键的组合来实现。因此首先必须学习这些操作。

1. 学习鼠标器功能

鼠标器左键：按鼠标器的左键可以选中光标对准的一个原子，屏幕上用红色的"＋"表示选中的原子，如果该原子已被选中，按鼠标器的左键将使该原子取消选中。

鼠标器右键：按鼠标器的右键并保持，光标将变为 。这时如果上下移动鼠标器，分子图形将沿着通过分子中心的水平轴旋转；如果左右移动鼠标器，图形将沿通过分子中心的垂直轴旋转。

Shift ＋鼠标器左键：按 Shift ＋鼠标器左键可以选中该原子所在的分子。如果该分子已被选中，按此键将使该分子取消选中。

Shift ＋鼠标器右键：按下 Shift ＋鼠标器右键并保持，光标将变为 。这时如绕分子中心移动鼠标器，分子图形将沿着通过分子中心且垂直屏幕的轴旋转。

Ctrl ＋鼠标器左键：按下 Ctrl ＋鼠标器左键并保持，光标将变为 。这时如果移动鼠标器，分子图形将沿屏幕平面移动。

Ctrl ＋鼠标器右键：按下 Ctrl ＋鼠标器右键并保持，光标将变为 。这时如果向上移动鼠标器，分子图形将放大；如果向下移动鼠标器，分子图形将缩小。

2. 几个菜单窗口（图 29-2）

[Main Menu] 是主菜单窗口，其中含有 10 个不同菜单。与本实验有关的单个菜单是 [File]、[Select]、[Build]、[Label]、[Analyse]、[Quit]。

[File] 包括文件的"打开"、"存盘"以及整个软件"退出"的 [Quit] 是最明白不过的了，不再赘述。

[Select] 菜单窗口可进行原子或分子的选择操作，包括如下几个选项：[Select all] 和 [Unselect all] 分别为选中所有的原子和退出所有被选中的原子。[Select a group] 则是选中一组原子（分别选中起点原子和终点原子，按 [Select a group] 就能把起点原子到终点原子间的原子全部选中，包括支链上的原子）。[Move all Mol.] 和 [Move selected] 分别是用鼠标移动所有分子和被选中的分子。

[Label] 菜单窗口包括如下的选项：[Element]、[Charge]、[Hybridization] 和

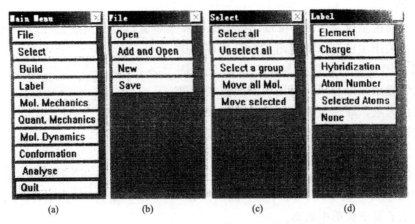

图 29-2 MP 软件中的主菜单窗口（a）和几个常用的菜单窗口（b）～（d）

［Atom Number］分别用来标出每个原子的元素符号、电荷、杂化状态和原子的编号。［Selected Atom］标出选中原子的原子编号。［None］则是去掉所有的标签。

［Build］菜单窗口包括如下选项：［Add］可在被选中的氢原子（如果不是氢原子，要先用［Change］变为氢原子）上连接新的基团（新基团菜单在按［Add］时会自动弹出在屏幕的右侧）。［Delect］可删除所有选中的原子以及与选中的原子相连的氢原子。［Bond］可改变选中的两个原子间的化学键，如变单键为双键或连接两个原子。［Change］可改变原子的属性（当有一个原子被选中时）；改变键长（当有两个原子被选中时）；改变平面角（当有三个原子被选中时）和改变二面角（当有四个原子被选中时）。［Unselect all］则是将所有原子退出选中状态。

在［Analyse］菜单窗口中对本实验有用的是［Measure］，它可以用来测量或改变键长、平面角、二面角。只要按［Measure］键，将会根据选中的原子数目弹出相应的对话框，测量键长、平面角或二面角。

3. 构建全同立构聚丙烯分子

在计算机屏幕上构建聚合物分子就好像是在合成实验室的玻璃瓶中做聚合反应。单体就在［Build］菜单窗口中的［Add］菜单中：选择单体不同的活性位置相当于是选用不同的

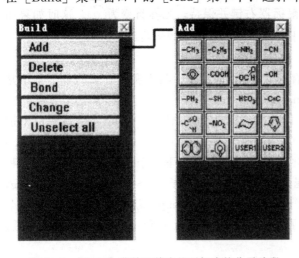

图 29-3 ［Build］菜单和其中的可加成的分子片段

聚合引发剂，结果将是不同空间立构的聚合物分子。为构建全同立构聚丙烯分子，从主菜单窗口中选择［Build］，出现构造［Build］菜单窗口，再选择［Add］便出现有各分子基团的窗口（图 29-3），从中选取乙基片段，用鼠标器标亮其中的一个氢原子，从［Add］菜单窗口中选取甲基片段，至此完成了丙烷分子的构建。重复以下的操作：用鼠标器标亮其中的一个氢原子，从［Add］菜单中选择甲基和乙基片段，即可完成聚丙烯分子的构建。这里重要的是要选对合适的氢原子，不然就不能得到全同立构聚丙烯

分子，而是无规立构的聚丙烯分子。于是，还要从主菜单窗口中选择［Build］，再选择［Change］，用鼠标器标亮 Torsion（扭转角）的四个原子，将扭转角调整为 180°、60°、180°、60°…即 TGTG…的构象，即可得到全同立构聚丙烯分子的螺旋形构象，如图 29-4 所示。

 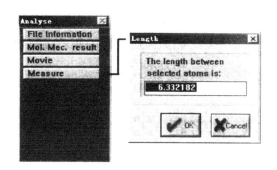

图 29-4　全同立构聚丙烯分子的螺旋形构象　　　　图 29-5　测定所选末端之间的距离

　　分别构建主链含 100 个碳原子的全同立构和无规立构聚丙烯分子，标亮第一个和最后一个碳原子，选择［Analyse］，再选择［Measure］，这时得到的数据即该聚丙烯分子片段的末端距离（图 29-5）。通过不同的旋转，再测量它的末端距离，从中来理解内旋转对高分子链末端距的极大影响。既有屏幕上的直观形象，又有真实测量值。

　　4. 构建聚乙烯分子

　　用与构建全同立构聚丙烯分子相同的步骤构建主链含 150 个碳原子的聚乙烯分子，测定伸直链和弯曲链的末端距离，从中来理解 C—C 键内旋转引起的分子卷曲程度。

五、实验数据记录及处理

　　1. 构建全同立构聚丙烯（主链含 100 个碳原子）

　　（1）是否形成螺旋形构象：_____；

　　（2）在螺旋形构象的一个等同周期中，含有_____个重复单元，转了_____圈；

　　（3）末端距 C_1—C_{100}：_____ Å；

　　（4）键角 C—C—C：_____。

　　2. 构建无规立构聚丙烯（主链含 100 个碳原子）

　　（1）伸直链（主链呈平面锯齿形），末端距 C_1—C_{100}：_____ Å；

　　（2）改变链的构象，使链弯曲，末端距 C_1—C_{100}：_____ Å。

　　3. 构建聚乙烯（主链含 150 个 C 原子）

　　（1）伸直链（主链呈平面锯齿形），末端距 C_1—C_{150}：_____ Å；

　　（2）改变链的构象，使链弯曲，要求末端距达到 20Å 以下，末端距 C_1—C_{150}：_____ Å；

　　（3）计算伸直的聚乙烯链的末端距，并与实验测量值比较；

　　（4）假如你所构建的聚乙烯链能够自由旋转，计算它的最可几末端距和根均方末端距。

六、思考题

　　1. 构建全同立构聚丙烯分子时，为什么要将扭转角调整为 180°、60°、180°、60°…即 TGTG…的构象？

　　2. 什么是均方末端距？如何从统计学上理解？

第九单元　聚合物的力学性能

实验 30　聚合物的形变-温度曲线

一、实验目的

1. 正确理解聚合物的三个力学状态和两个转变，并由实验测定甲基丙烯酸甲酯的玻璃化温度 T_g，黏流温度 T_f。

2. 掌握测定聚合物温度-形变曲线的方法。

3. 了解分子量、结晶、交联等结构因素对形变-温度曲线的影响和规律。

二、实验原理

将一定尺寸的非晶态聚合物在恒应力作用下，以一定速率升高温度，同时测量样品形变随温度变化，得到温度-形变曲线（也称为热-机械曲线），如图 30-1。曲线上出现三个力学状态：玻璃态、高弹态和黏流态，为两个转变温度所隔开，第一个称玻璃化温度，第二个称黏流温度。

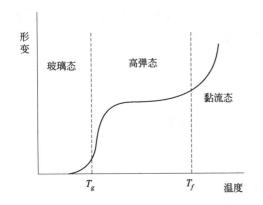

图 30-1　非晶线型高聚物温度-形变曲线

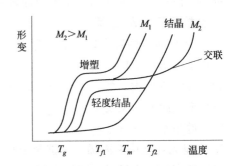

图 30-2　不同类型高聚物温度-形变曲线

非晶态聚合物随温度变化出现三种力学状态，这是内部分子处于不同运动状态的宏观表现。

① 玻璃态。在温度足够低时，由于高分子链和链段的运动均被"冻结"，外力的作用只能引起高分子键长和键角的改变，因此聚合物形变量很小，弹性模量大，约为 $3 \times 10^9 \mathrm{Pa}$。是普弹形变，表现出硬而脆的物理机械性质。

② 高弹态。随着温度的升高，分子热运动能量的逐渐增加，到达一定值后，链段首先"解冻"，开始运动，聚合物的弹性模量骤降约三个数量级，形变量大增，表现为柔软而富于弹性，除去外力，发生可逆高弹形变，具有明显的松弛时间。

③ 黏流态。温度进一步升高，直至整个高分子链能够移动，成为可以流动的黏液，受力后发生塑性形变，形变量很大，且不可逆。

玻璃态与高弹态之间转变温度称为玻璃化温度 T_g，从高弹态向黏流态转变的温度称为黏流温度 T_f；T_g 是塑料的使用温度上限，橡胶类材料的使用温度下限，T_f 是成型加工温度的下限。

图 30-2 是不同材料典型的温度-形变曲线。结晶聚合物的晶区中，高分子因受晶格的束缚，链段和分子链都不能运动，因此，当结晶度足够高时，试样的弹性模量很大，在一定外力作用下，形变量很小，其温度形变曲线在结晶熔融之前是斜率很小的直线，温度升高到结晶熔融时，热运动克服了晶格能，分子链和链段都突然活动起来，聚合物直接进入黏流态，形变量急剧增大，曲线突然转折向上弯曲，过程如图 30-2 中曲线所示。结晶聚合物常含晶区和非晶区，若晶区含量较少，即如图 30-2 所示的轻度结晶曲线，介于非晶和结晶聚合物之间，或兼有两类聚合物部分特征。

交联聚合物因分子间化学键的束缚，分子间的相对运动无法进行，所以不出现黏流态，其高弹形变量随交联度增加而逐渐减小；增塑剂的加入同时降低聚合物的玻璃化温度和黏流温度。

热机械曲线的形状受到聚合物的分子量、化学结构和聚集态结构、添加剂、受热史、形变史、升温速度、受力大小等诸多因素影响。升温速率快，T_g、T_f 也会高些，应力大，T_f 会降低，高弹态会不明显。因此实验时要根据所研究的对象要求，选择测定条件，作相互比较时，一定要在相同条件下测定。

三、实验仪器及试样

1. 实验仪器

XWJ-500B 热机分析仪。

2. 实验试样

聚甲基丙烯酸甲酯和聚乙烯薄片试样。

四、实验步骤

1. 从主机架上放下吊筒，将压缩试验支架放入吊筒内，并依次放入试片、压头，将压杆和测温探头对正插入试验支架，摇动升降手柄将吊筒放入加热炉中。

2. 将位移传感器托片对准传感器压头，使传感器压头随测量压杆移动，在压杆上放上所需质量的砝码。

3. 打开计算机，用左键双击 XWJ-500B 图标，进入系统"管理界面"，根据提示，在"试验方法"窗口中选择试验种类为"压缩"；在"试验尺寸"窗口中输入本次试验的样品尺寸；在"载荷选配表"窗口中选择本次试验的砝码质量。随后依次选择"升温速率"、"升温的上限温度"、"试样最大变形量"等参数。

4. 位移传感器调零，用螺旋测微仪调整试验支架上的位移传感器压头位置，使其位移在零点附近（在压缩试验中建议将位移传感器的位移调至负值）。

5. 完成上述设定工作后，单击"开始试验"按钮，仪器即开始工作。此时计算机显示两个界面：其一是温度-形变曲线的实时界面，其二是时间-温度曲线实时界面。

6. 试验完成后，蜂鸣器将报警。在"试验"菜单下选择消音按钮解除报警，同时关闭仪器。使用升降手柄将吊筒从加热炉中取出，待吊筒冷却后，取出样品。

五、实验数据处理

XJW-500B 热机分析仪在"试验"菜单下选择"打印"按钮，计算机将弹出打印试验报告报表，根据报告提示输入要求的内容，选择"确定"按钮，即可打印出报告和温度-形变曲线。实验结果如表 30-1。

表 30-1　实验数据表

样品名称	施加压力/(kg/cm²)	升温速率/(℃/min)	T_g/℃	T_f/℃

注：表中试样所施加压力，根据压杆和砝码质量以及压杆触头的截面积进行计算。

六、思考题

1. 哪些实验条件会影响 T_g 和 T_f 的数值？它们各产生何种影响？
2. 聚合物的温度-形变曲线与其分子运动有什么联系？
3. 解释非晶、结晶、交联聚合物热机械曲线形状的差别。

实验 31　聚合物拉伸性能测试

一、实验目的

1. 通过拉伸实验，加深对应力-应变曲线的理解。
2. 掌握塑料拉伸强度测定方法。
3. 观察不同聚合物的拉伸特征，了解测试条件对测试结果影响。

二、实验原理

拉伸性能是聚合物力学性能中最重要、最基本的性能之一。拉伸性能好坏，可以通过拉伸实验进行检验。

拉伸实验是在规定的试验温度、试验速度和湿度条件下，对标准试样沿其纵轴方向施加拉伸负荷，直至试样被拉断为止。测定试样的屈服力、断裂力和试样标距间伸长来求得试样的屈服强度、拉伸强度和伸长率。

(1) 定义

① 拉伸应力：试样在计算标距范围内，单位初始横截面上承受的拉伸负荷。

$$\sigma = \frac{P}{bd} \quad (\text{MPa}) \tag{31-1}$$

② 拉伸强度：在拉伸试验中试样直到断裂为止，所承受的最大拉伸应力。

$$\sigma_t = \frac{F_{\max}}{bd} \quad (\text{MPa}) \tag{31-2}$$

式中，$F_{\max}$ 为试样拉伸最大负荷或断裂负荷，N；b 为试样宽度，m；d 为试样厚度，m。

③ 拉伸断裂应力：在拉伸应力-应变曲线上，断裂（图 31-1 曲线上 X 点）时的应力。

④ 断裂伸长率：在拉力作用下，试样断裂时，标线间距的增加量与初始标距之间比，以百分率表示。

$$\varepsilon_t = \frac{G - G_0}{G_0} \times 100\% \tag{31-3}$$

⑤ 拉伸屈服应力：在拉伸应力-应变曲线上，屈服点（图 31-1 曲线上 Y 点）处的应力。

⑥ 杨氏模量：拉伸应力-应变曲线起始部分斜率。

（2）应力-应变曲线　应力-应变曲线一般分两个部分：弹性变形区和塑性变形区。在弹性变形区域，材料发生的弹性形变可完全恢复，应力和应变呈线性关系，符合胡克定律。在塑性变形区，形变是不可逆的塑性形变，应力随应变增加不再呈线性关系，最后出现断裂。

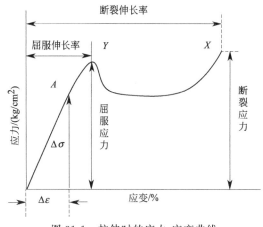

图 31-1　拉伸时的应力-应变曲线

由于聚合物材料品种繁多，它们在室温和通常拉伸速率下的应力-应变曲线呈现出复杂的情况。按照拉伸过程中屈服点的表现、伸长率大小和断裂情况，大致分为五种类型，即硬而脆、硬而强、强而韧、软而韧、软而弱，如图 31-2 所示。属于硬而脆的聚合物有 PS、PMMA 和酚醛树脂等，它们模量高，拉伸强度相当大，没有屈服点，断裂伸长率一般低于 2%。硬而强的聚合物具有高的杨氏模量，高的拉伸强度，断裂伸长率约为 5%，硬质 PVC 属于此类。强而韧的聚合物有尼龙 66、PC 和 POM 等，它们强度高，断裂伸长率大，可达到百分之几百到几千，该类聚合物在拉伸过程中会产生细颈。橡胶和增塑 PVC 属于软而韧的类型，它们模量低，屈服点低或没有明显的屈服点，只看到曲线上有较大弯曲部分，伸长率很大（20%～1000%），断裂强度较高。至于软而弱类型，只有一些柔软的凝胶，很少用作材料使用。

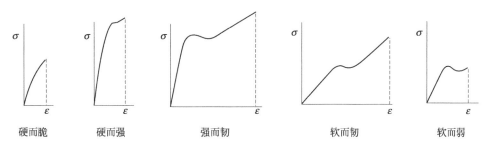

图 31-2　聚合物五种类型应力-应变曲线

（3）影响聚合物材料拉伸强度因素

① 聚合物的结构和组成的影响：聚合物相对分子质量及分布、分子链刚柔性、交联、结晶和取向是决定其机械强度的主要内在因素。通过在聚合物中添加填料，采用共聚和共混方法来改变聚合物组成，从而提高聚合物的拉伸强度。

② 拉伸速度和环境温度：由于聚合物是黏弹性材料，它的破坏过程也是一种松弛过程，因此外力作用速度和温度对聚合物强度有显著影响。温度不同，同一聚合物的应力-应变曲线形状不同，如图 31-3 所示，总的变化趋势是：升高温度，材料逐步变得软而韧，断裂强度下降，断裂伸长率增加；温度下降时，材料逐步转向硬而脆，断裂强度增加，断裂伸长率减少。

同一聚合物试样，在一定温度和不同拉伸速率下，应力-应变曲线形状也发生很大变化，如图 31-4 所示。随着拉伸速率提高，聚合物模量增加，屈服应力、断裂强度增加。断裂伸长率减小，其中，屈服应力对应变速率具有更大的依赖性。

如果材料存在缺陷，包括裂缝、空隙、银纹和杂质等，它们会成为材料破坏环节，降低材料强度。

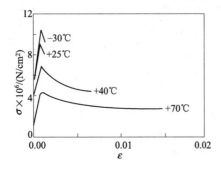

图 31-3　PVC 在不同温度时的 σ-ε 曲线
（$\dot{\varepsilon}=1\text{m/s}$）

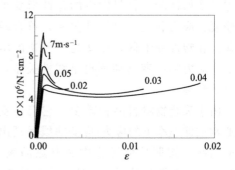

图 31-4　PVC 在不同拉伸速率时 σ-ε 曲线

三、实验仪器及试样

1. 实验仪器

电子拉力试验机、游标卡尺、直尺、千分尺、记号笔。

2. 实验试样

拉伸试样共有 4 种类型的试样（Ⅰ型试样、Ⅱ型试样、Ⅲ型试样、Ⅳ型试样），不同材料优选的试样类型及相关条件和尺寸参照 GB/T 1040—1992 执行（见表 31-1）。

本次实验材料为聚丙烯（PP）、聚丙烯（PP）标准试样 6 条，拉伸样条为Ⅰ型试样（双铲型）如图 31-5 所示。

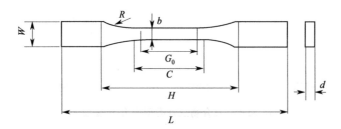

图 31-5　Ⅰ型试样

表 31-1　Ⅰ型试样尺寸和公差

符　号	名　　称	尺寸/mm	公差/mm
L	总长（最小）	150	—
H	夹具间距离	115	±5.0
C	中间平行部分长度	60	±2
G_0	标距（或有效部分）	50	±1
W	端部宽度	20	±1
d	厚度	4	—
b	中间平行部分宽度	10	±0.2
R	半径（最小）	60	—

四、实验步骤

1. 试样准备，可以用注塑机模塑出标准样条，试样要求表面平整，无气泡、裂纹、分层、伤痕等缺陷。6 个标准试样编号，分成两组，拉伸速率 A 组 20mm/min，B 组 5mm/min。

2. 用游标卡尺量试样工作部分左、中、右三点的宽度和厚度，精确到 0.02mm，取平均值。

3. 熟悉电子拉力试验机的结构，操作规程和注意事项。

4. 开机：试验机—打印机—计算机。进入试验软件，选择好联机方向，选择正确的通信口，选择对应的传感器及引伸仪后联机。

5. 在试验软件内选择相应的试验方案，进入试验窗口，输入"用户参数"。

6. 夹持试样，夹具夹持试样时，要使试样纵轴与上、下夹具中心线相重合，并且要松紧适宜，防止试样滑脱或断在夹具内。

7. 点击"运行"，开始自动试验。

8. 试片拉断后，打开夹具取出试片。

9. 重复 5～8 步骤，进行其余样条的测试。若试样断裂在中间平行部分之外时，此试样作废，另取试样补做。

10. 试验自动结束后，软件显示试验结果；点击"用户报告"，打印试验报告。

五、实验数据记录及处理

1. 实验记录（表 31-2）

试样名称：_____；实验温度：_____；实验湿度：_____；

实验设备名称及型号规格：_____。

表 31-2　实验数据记录表

试样编号	样品尺寸 b/mm	样品尺寸 d/mm	拉伸速率 mm/min	断裂负荷 /N	试样原始标距 G_0/mm	试样断裂时标线间距离 G/mm
1			A			
2			A			
3			A			
4			B			
5			B			
6			B			

2. 结果计算

（1）拉伸强度或拉伸断裂应力或拉伸屈服应力（MPa）

$$\sigma_i = \frac{P}{bd} \times 10^{-6}$$

式中　P——最大负荷或断裂负荷或屈服负荷，N；

　　　b——试样工作部分宽度，m；

　　　d——试样工作部分厚度，m。

各应力值在拉伸应力—应变曲线上的位置如图 31-1 所示。

（2）断裂伸长率 ε_i（%）：

$$\varepsilon_i = \frac{G - G_0}{G_0}$$

式中　G_0——试样原始标距，mm；

　　　G——试样断裂时标线间距离，mm。

计算结果以算术平均值表示，σ_i 取三位有效数值，ε_i 取二位有效数值（见表 31-3）。

表 31-3　计算结果记录表

试样编号		1	2	3	4	5	6
拉伸强度	σ_i						
	平均值						
屈服强度	σ_y						
	平均值						
断裂伸长率	ε_i						
	平均值						

六、注意事项

微机控制电子拉力试验机属精密设备，在操作材料试验机时，务必遵守操作规程，精力集中，认真负责。

1. 每次设备开机后要预热 10min，待系统稳定后，才可进行试验工作；如果刚关机，需要再开机，至少保证 1min 的间隔时间。任何时候都不能带电插拔电源线和信号线，否则很容易损坏电气控制部分。

2. 试验开始前，一定要调整好限位挡圈，以免操作失误损坏力值传感器。

3. 试验过程中，不能远离试验机。

4. 试验过程中，除停止键和急停开关外，不要按控制盒上的其它按键，否则会影响试验。

5. 试验结束后，一定要关闭所有电源。

七、思考题

1. 实验温度和拉伸速率对测试结果有何影响？

2. 对拉伸实验，如何使试样拉伸时在有效部分断裂？

实验 32　聚合物冲击性能测试

一、实验目的

1. 学会按标准方法加工制作冲击性能测试试样，并测试其冲击强度。

2. 了解摆锤式悬臂梁冲击试验机的构造，并掌握其使用方法。

3. 加深对塑料冲击强度概念的理解。

二、实验原理

冲击强度 α_i 是衡量材料韧性的一种指标，通常定义为试样在冲击负荷 W 的作用下折断或折裂时单位面积所吸收的能量，用式（32-1）表示：

$$\alpha_i = \frac{W}{bd} \ (\text{kJ/m}^2) \tag{32-1}$$

式中　W——冲断试样所消耗的功，J；

　　　b——试样宽度，m；

　　　d——试样厚度，缺口样品为缺口剩余厚度，m。

在工业应用上，冲击强度是一项重要的性能指标，通过抗冲击试验，可以评价聚合物在高速冲击状态下的抵抗冲击的能力，或判断聚合物的脆性和韧性程度。

冲击强度的测定方法很多，应用较广的有摆锤式冲击试验、落重冲击试验和高速拉伸试验三类。各种冲击试验所得结果很不一致，不同试验方法常给出不同的聚合物冲击强度顺序。而且，用给定方法测得值也不可能是材料常数，它与试样的几何形状和尺寸有很大关系，薄的试样一般比厚的试样给出较高的冲击强度。

摆锤式冲击试验是让重锤摆动冲击试样，测量摆锤冲断试样消耗的功。试样的安装方式有简支梁和悬壁梁式，前者试样两端被支承，摆锤冲击试样中部，如图 32-1 所示；后者试样一端被固定，摆锤冲击自由端，如图 32-4 所示。两者试样均可是带缺口的或无缺口的。采用带缺口试样的目的是使缺口处面积大为减少，受冲击时试样断裂一定发生在这一薄弱处，所有的冲击能都能在这局部区被吸收，从而提高实验准确性。

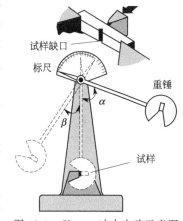

图 32-1　Charpy 冲击实验示意图

（标签：试样缺口；标尺；重锤；α；β；试样）

在国标（GB）中，悬臂梁式冲击强度定义为试样冲击破坏过程所吸收的能量与试样缺口处面积之比，kJ/m^2；简支梁式缺口冲击强度定义为试样破坏时吸收冲击能量与试样缺口横截面积之比，kJ/m^2。

摆锤式冲击试验机工作原理见图 32-1，把摆锤抬高置挂于机架的扬臂上以后，此时扬角为 α，它便获得了一定的位能。当摆锤自由落下，则位能转化为动能将试样冲断。冲断试样后，摆锤仍以剩余能量升到某一高度，升角为 β，在整个冲击试验过程中，按照能量守恒定律，试样所消耗冲击能量按式（32-2）计算：

$$E = Pd(\cos\beta - \cos\alpha) \tag{32-2}$$

式中　Pd——冲击摆力矩（常数）；

　　　α——冲击摆摆锤扬角；

　　　β——冲击实验后摆锤升起的角度。

本实验机中由于摆的冲击常数 Pd、冲击前摆摆锤扬角均为常数，因此只要测出冲断试样后的摆锤升角，即可根据上述公式（32-2）计算出试样冲断时所消耗的能量来，本实验机刻度盘的刻度就是根据上述原理进行计算的，因此实验时就可以直接从刻度盘中读出冲击能量。

这种冲击试验方法仪器简单，操作方便，在生产和科研部门广泛采用。

三、实验仪器及试样

1. 实验仪器

JJ-22悬臂梁冲击试验机,长春市智能仪器有限公司生产,游标卡尺。

2. 实验试样

试样材料可采用 PE、PP、PS、硬质 PVC 等,本实验采用悬臂梁冲击试验机,其试样缺口类型和尺寸参照表 32-1、表 32-2。

表 32-1 悬臂梁试样类型和尺寸　　　　　　　　　　　单位:mm

试样类型	长度		宽度		厚度	
	基本尺寸	极限偏差	基本尺寸	极限偏差	基本尺寸	极限偏差
1	80	±2	10	±0.2	4	±0.2
2	63.5	±2	12.7	±0.2	12.7	±0.2
3	63.5	±2	12.7	±0.2	6.4	±0.2
4	63.5	±2	12.7	±0.2	3.2	±0.2

表 32-2 悬臂梁试样缺口类型和缺口尺寸

方法名称	试样类型	缺口类型	缺口底部半径 r/mm	缺口底部剩余宽度 b/mm
GB1843/1U		无缺口	—	—
GB1843/1A	1	A	0.25±0.05	8.0±0.2
GB1843/1B		B	1±0.05	8.0±0.2
GB1843/2AR	2	反置 A 型缺口	0.25±0.05	10.2±0.2
GB1843/2BR		反置 B 型缺口	1.00±0.05	
GB1843/2A		A	0.25±0.05	
GB1843/2B		B	1.00±0.05	
GB1843/3AR	3	反置 A 型缺口	0.25±0.05	10.2±0.2
GB1843/3BR		反置 B 型缺口	1.00±0.05	
GB1843/3A		A	0.25±0.05	
GB1843/3B		B	1.00±0.05	
GB1843/4AR	4	反置 A 型缺口	0.25±0.05	10.2±0.2
GB1843/4BR		反置 B 型缺口	1.00±0.05	
GB1843/4A		A	0.25±0.05	
GB1843/4B		B	1.00±0.05	

试样形状及缺口形状见图 32-2 和图 32-3。

四、实验步骤

1. 试样加工与要求

(1)试样要求　本实验试样为 I 型试样,缺口为 A 型。试样要求表面平整,无气泡、裂纹、分层、伤痕等缺陷。

(2)试样加工　试样可是板材加工,也可模塑成型。

硬质 PVC 板材按所需尺寸用钢锯截取 5 个试样(缺口和无缺口各 5 个),用锉刀对试样

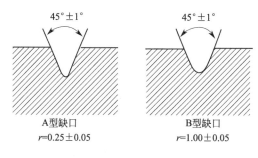

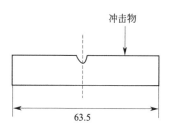

图 32-2　冲击试验缺口图形 r-缺口底部半径　　　　图 32-3　悬臂梁冲击试样图

进行加工，将毛边捶平，边应尽量成光滑平直。试样缺口可用自动缺口制样机制得。

2. 试样尺寸测量

试样编号，对无缺口试样，分别测量试样中部和试样端部中心位置的宽度和厚度，并取其平均值为试样宽度和厚度，准确至 0.02mm，缺口试样应测量缺口处的剩余宽度，精确到 0.05mm，并将数据记录在表 32-3 和表 32-4。

3. 测试

① 选择合适的摆锤能量，使试样破坏所需的能量在摆锤总能量的 10％～80％区间内。

② 调节摆锤仰角及定位被动针（按说明书操作）。

③ 调刻度盘的零点，将摆锤挂起，将被动针沿着逆时针方向旋转并靠紧主动针，在度盘上指示 300°刻度线，此时，未安装试样，拉开拔销，摆锤自然落下，观察指针读数为零时，结束调零。

④ 重新将摆锤挂起，然后进行试样安装及定位。

如图 32-4 所示，依图中所示方式将制备好的试样开口向右竖直夹在试样座上，不要将试样夹紧，将试样中心定位器扣在试样座上，然后向左平行移动，使定位器的剪刀口插入试样的开口内。这样，定位了试样的水平和竖直位置。再旋转试样座上的螺杆，将试样夹紧即可。

⑤ 定位好试样位置后，拉开拔销，摆锤自然落下并冲击试样。

⑥ 摆锤冲断试样后，根据所使用摆锤能量查看度盘上相应刻度线，被动针所指示点的值即为冲断试样所消耗的能量 W，记下测试数据。本实验摆锤冲击能为 5.5J（试样一次冲击后，分成两段或两段以上者称为破断；或没有完全分离成为两段，但破裂已达到试样缺口处剩余厚度的 90％者也属破断。）。

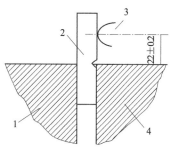

图 32-4　虎钳支座、缺口试样及冲击刃位置

1—虎钳固定夹具；2—试样；3—冲击刃；4—虎钳可动夹具

4. 完成试验，收拾测试试样，清扫冲击试验机周边环境。

五、实验数据记录及处理

（一）实验记录

试样材料名称：＿＿＿＿＿＿＿＿＿＿＿＿＿；

试样制备方法：＿＿＿＿＿＿＿＿＿＿＿＿＿；

试样类型：＿＿＿＿＿＿＿＿＿＿＿＿＿；

缺口类型：＿＿＿＿＿＿＿＿＿＿＿＿＿＿；

试样缺口加工方法：＿＿＿＿＿＿＿＿＿＿；

冲击方式：＿＿＿＿＿＿＿＿＿＿＿＿＿＿；

试验温度：＿＿＿＿＿＿＿＿＿＿＿＿＿＿；

试验湿度：＿＿＿＿＿＿＿＿＿＿＿＿＿＿；

仪器型号：＿＿＿＿＿＿＿＿＿＿＿＿＿＿。

表 32-3　无缺口试样

编号	试样宽度 b /mm	试样厚度 h /mm	试样吸收冲击能 W_{iu}/J	冲击强度 α_{iu}	冲击强度 α_{iu} 平均值
1					
2					
3					
4					
5					

表 32-4　缺口试样

编号	试样缺口处剩余宽度 b_n/mm	试样厚度 h /mm	试样吸收冲击能 W_{in}/J	冲击强度 α_{in}	冲击强度 α_{in} 平均值
1					
2					
3					
4					
5					

（二）上表中冲击强度计算

1. 无缺口试样悬臂梁冲击强度 α_{iu}

$$\alpha_{iu} = \frac{W_{iu}}{bh} \times 10^3 \quad (\text{kJ/m}^2)$$

式中　　W_{iu}——破坏试样所吸收并经过修正后的能量，J；

　　　　b——试样宽度，mm；

　　　　h——试样厚度，mm。

2. 缺口试样悬臂梁冲击强度 α_{in}

$$\alpha_{in} = \frac{W_{in}}{b_n h} \times 10^3 \quad (\text{kJ/m}^2)$$

式中　　W_{in}——破坏试样所吸收并经修正后的能量，J；

　　　　b_n——试样缺口处剩余宽度，mm；

　　　　h——试样厚度，mm。

实验结果以冲击强度算术平均值表示；破断试样不足 3 个时，以单个冲击强度表示。

六、注意事项

1. 摆锤举起后，人体各部分都不要伸到重锤下面及摆锤起始处，冲击实验时注意避免样条碎块伤人。

2. 如果摆锤出现反弹时，请更换大冲击能量的摆锤。

七、思考题

1. 影响冲击强度因素有哪些？如何改善脆性塑料冲击性能？

2. 缺口试样和无缺口试样的冲击试验现象有何不同？哪些试样材料应采用缺口试样，或有无缺口两种试样都测试？

实验 33　动态黏弹谱仪测定聚合物的动态力学性能

一、实验目的

1. 了解动态黏弹谱仪的实验原理、实验方法，学会使用动态黏弹谱仪测定聚合物的模量-温度曲线、内耗-温度曲线。

2. 了解聚合物黏弹特性，学会用分子运动的观点解释高聚物动态力学行为。

二、实验原理

动态力学实验是聚合物材料在交变应力或交变应变作用下，观察其应变或应力随时间变化。动态力学分析是一种研究聚合物分子链结构与性能的重要手段，它能得到聚合物的储能模量（E'）、损耗模量（E''）和力学损耗（$\tan\delta$），这些物理量是决定聚合物使用特性的重要参数。同时动态力学分析对聚合物分子运动状态的反应十分灵敏，考察模量和力学损耗随温度、频率以及其它条件的变化特性可得到聚合物结构与性能的许多信息，如阻尼特性、相结构及相转变、分子松弛过程、聚合反应动力学等等。

聚合物的黏弹性是指聚合物既有黏性又有弹性的性质，实质是聚合物的力学松弛行为。研究聚合物的黏弹性常采用正弦的交变应力，使试样产生的应变也以正弦方式随时间变化。这种周期性的外力引起试样周期性的形变，其中一部分所做功以位能形式贮存在试样中，没有损耗，而另一部分所做功，在形变时以热的形式消耗掉。应变始终落后应力一个相位，以拉伸为例，当试样受到交变的拉伸应力作用时，其交变应力和应变随时间的变化关系如下：

应力 $\qquad\qquad\qquad \sigma = \sigma_0 \sin(\omega t + \delta)\ (1 < \delta < 90°)$ $\qquad\qquad$ (33-1)

应变 $\qquad\qquad\qquad\quad \varepsilon = \varepsilon_0 \sin\omega t$ $\qquad\qquad\qquad\qquad$ (33-2)

式中，σ_0 和 ε_0 为应力和形变的振幅；ω 是角频率；δ 是应变相位角。

式（33-1）和式（33-2）说明应力变化要比应变领先一个相位差 δ，见图 33-1。

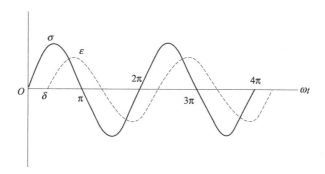

图 33-1　应力应变和时间关系

将式（33-1）展开为：

$$\sigma = \sigma_0 \sin\omega t \cos\delta + \sigma_0 \cos\omega t \sin\delta \tag{33-3}$$

即认为应力由两部分组成：一部分 $\sigma_0 \sin\omega t \cos\delta$ 与应变同相位；另一部分 $\sigma_0 \cos\omega t \sin\delta$ 与应变相差 $\pi/2$。根据模量的定义可以得到两种不同意义的模量，定义 E' 为同相位的应力和应变的比值，而 E'' 为相位差 $\pi/2$ 的应力和应变的振幅的比值，即

$$\sigma = \varepsilon_0 E' \sin\omega t + \varepsilon_0 E'' \cos\omega t \tag{33-4}$$

此时模量是一个复数，叫复数模量 E^*。

$$E^* = E' + iE'' \tag{33-5}$$

$$E' = \frac{\sigma_0}{\varepsilon_0}\cos\delta \qquad E'' = \frac{\sigma_0}{\varepsilon_0}\sin\delta$$

E' 为实数模量，又称储能模量，表示材料在形变过程中由于弹性形变而储存的能量；E'' 为虚数模量也称损耗模量，表示在形变过程中以热的方式损耗的能量。

$$\tan\delta = \frac{E''}{E'} \tag{33-6}$$

式（33-6）中，$\tan\delta$ 为损耗角正切或称损耗因子。

研究材料的动态力学性能就是要精确测量各种因素（包括材料本身的结构参数及外界条件）对动态模量及损耗因子的影响。

聚合物的性质与温度有关，与施加于材料上外力作用的时间有关，还与外力作用的频率有关。当聚合物作为结构材料使用时，主要利用它的弹性、强度，要求在使用温度范围内有较大的储能模量。聚合物作为减震或隔音材料使用时，则主要利用它们的黏性，要求在一定的频率范围内有较高的阻尼。当作为轮胎使用时，除应有弹性外，同时内耗不能过高，以防止生热脱层爆破，但是也需要一定的内耗，以增加轮胎与地面的摩擦力。为了了解聚合物的动态力学性能，有必要在较宽的温度范围对聚合物进行性能测定，简称温度谱；在较宽的频率范围内对聚合物进行测定，简称频率谱；在较宽的时间范围内对聚合物进行测定，简称时间谱。

温度谱，采用的是温度扫描模式，是指在固定频率下测定动态模量及损耗随温度的变化，用以评价材料的力学性能的温度依赖性。通过 DMA 温度谱可得聚合物的一系列特征温度，这些特征温度除了在研究高分子结构与性能的关系中具有理论意义外，还具有重要的实用价值。图 33-2 是非晶态聚合物的典型动态力学温度谱。

频率谱采用的是频率扫描模式，是指在恒温、恒应力下，测量动态力学参数随频率的变化，用于研究材料力学性能的频率依赖性。从频率谱可获得各级转变的特征频率，各特征频率取倒数，即得到各转变的特征松弛时间。利用时温等效原理还可以将不同温度下有限频率范围的频率谱组合成跨越几个甚至十几个数量级的频率主曲线，从而评价材料的超瞬间或超长时间的使用性能。

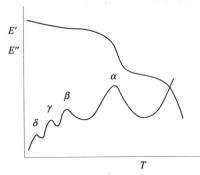

图 33-2　非晶态聚合物的
典型动态力学温度谱

时间谱采用的是时间扫描模式，是指在恒温、恒频率下测定材料的动态力学参数随时间的变化，主要用于研究动态力学性能的时间依赖性。

例如，用来研究树脂-固化剂体系的等温固化反应动力学，可得到固化反应动力学参数凝胶时间、固化反应活化能等。

三、实验仪器及试样

1. 实验仪器

DMA2980 是由美国 TAINSTRUMENTS 公司生产的新一代动态力学分析仪（见图33-3）。它采用非接触式线形驱动电动机代替传统的步进电动机直接对样品施加应力，以空气轴承取代传统的机械轴承以减少轴承在运行过程中的摩擦力，并通过光学读数器来控制轴承位移，精确度达 1nm。配置多种先进夹具（如三点弯曲、单悬臂、双悬臂、夹心剪切、压缩、拉伸等夹具），可进行多样的操作模式，如共振、应力松弛、蠕变、固定频率温度扫描（频率范围为 0.01～210Hz，温度范围为 -150～600℃），同时多个频率对温度扫描、自动张量补偿功能、TMA 等，通过随机专业软件的分析可获得高解析度的聚合物动态力学性能方面的数据（测量精度：负荷 0.0001N，形变 1nm，tanδ 0.0001，模量 1%）。

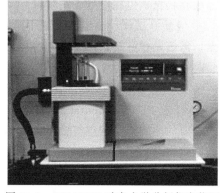

图 33-3　DMA2980 动态力学分析仪实物图

本实验使用单悬臂夹具进行试验。

2. 样品制备

聚甲基丙烯酸甲酯（PMMA）长方形样条。

试样尺寸要求：长 $a=35～40$mm，宽 $b\leqslant15$mm；厚 $h\leqslant5$mm。准确测量样品的宽度，长度和厚度，各取平均值记录数据。

四、实验步骤

1. 仪器校正

包括电子校正、力学校正、动态校正和位标校正，通常只作位标校正。将夹具（包括运动部分和固定部分）全部卸下，关上炉体，进行位标校正（Position Calibration），校正完成后炉体会自动打开。

2. 夹具的安装、校正（夹具质量校正、柔量校正）

按软件菜单提示进行。

3. 样品的安装

① 放松两个固定钳的中央锁螺，按"FLOAT"键让夹具运动部分自由。

② 用扳手启动可动钳，将试样插入跨在固定钳上，并调整；拧紧固定部位和运动部位的中央锁紧的螺丝钉。

③ 按"LOCK"键以固定样品的位置。

④ 取出标准附件木盒内的扭力扳手，装上六角头，垂直插进中央锁螺的凹口内，按顺时针方向用力锁紧。对热塑性材料建议扭力值为 0.6～0.9N•m。

4. 实验程序

① 打开主机"POWER"键，打开主机"HEATER"键。

② 打开 GCA 的电源（如果实验温度低于室温的话），通过自检，"Ready"灯亮。

③ 打开控制电脑，载入"Thermal Solution"，取得与 DMA2980 的连线。

④ 指定测试模式（DMA、TMA 等 5 项中的其中 1 项）和夹具。

⑤ 打开 DMA 控制软件的"即时讯号"（Real Time Signal）视窗，确认最下面的 "Frame Temperature"与"Air Pressure"都已"OK"，若有接 GCA，则需显示"GCA Liquid level：XX％ full"。按"Furnace"键打开炉体，检视是否需安装或换装夹具。若是，请依标准程序完成夹具的安装。若有新换夹具，则重新设定夹具的种类，并逐项完成夹具校正（MASS/ZERO/COMP-LIANCE）。若沿用原有夹具，按"FLOAT"键，依要领检视驱动轴漂移状况，以确定处于正常。

⑥ 安装好试样，确定位置正中没有歪斜。对于会有污染、流动、反应、黏结等顾忌的样品，需事先做好防护措施。有些样品可能需要一些辅助工具，才能有效地安装在夹具上。

⑦ 编辑测试方法，并存档。

⑧ 编辑频率表（多频扫描时）或振幅表（多变形量扫描时），并存档。

⑨ 打开"Experimental Parameters"视窗，输入样品名称、试样尺寸、操作者姓名及一些必要的注解。指定空气轴承的气体源及存档的路径与文件名，然后载入实验方法与频率表或振幅表。

⑩ 打开"Instrument Parameters"视窗，逐项设定好各个参数，如数据取点间距、振幅、静荷力、Auto-strain、起始位移归零设定等。

⑪ 按下主机面板上面的"MEASURE"键，打开即时信号视窗，观察各项信号的变化是否够稳定（特别是振幅），必要时调整仪器参数的设定值（如静荷力与 Auto-strain），以使其达到稳定。

⑫ 确定有了好的开始（Pre-view）后便可以按"Furnace"键关闭炉体，再按 "START"键，开始正式进行实验。

⑬ 只要在连线（ON-LINE）状态下，DMA2980 所产生的数据会自动地、一次次地转存到电脑的硬盘中，实验结束后，完整的档案便存到硬盘里。

⑭ 假定不中途主动停止实验，则会依据原先载入的实验方法完成整个实验，假如觉得实验不需要再进行的话，可以按"STOP"键停止（数据有存档）或按"SCROLL-STOP"或"REJECT"键停止（数据不存档）。

⑮ 实验结束后，炉体与夹具会依据设定的"END Conditions"回复其状态，若有设定 "GCA AUTO Fill"，则之后会继续进行液氮自动填充作业。

⑯ 将试样取出，若有污染则需予以清除。

⑰ 关机。步骤如下：按"STOP"键，以便储存 Position 校正值；等待 5s 后，使驱动轴真正停止，关掉"HEATER"键，关掉"POWER"键，此时自然与电脑离线。关掉其它周边设备，如 ACA、GCA、Compressor 等。进行排水（Compressor 气压桶、空气滤清调压器、GCA）。

五、实验数据记录及处理

1. 实验条件

仪器型号：_____；样品：_____；

样品尺寸：（长_____，宽_____，厚_____）；

升温扫描：温度范围_____；

选定频率：ω_1 _____；ω_2 _____；

频率扫描：频率范围_____；

选定温度：T_1 _____；T_2 _____。

2. 数据处理

打开数据处理软件"Thermal Analysis"，进入数据分析界面。打开需要处理的文件，应用界面上各功能键从所得曲线上获得相关的数据，包括各个选定频率和温度下的动态摸量 E'，损耗模量 E'' 和阻尼或内耗 $\tan\delta$，列表记录数据（表 33-1）。

表 33-1　实验数据处理表

项　　目	动态模量 E'	损耗模量 E''	内耗 $\tan\delta$	玻璃化转变温度
选定频率 ω_1				
选定频率 ω_2				
选定温度 T_1				
选定温度 T_2				

六、思考题

1. 什么叫聚合物的内耗？聚合物内耗产生的原因是什么？研究它有何重要意义？

2. 讨论聚合物动态力学性质与温度、频率和时间的关系。

3. 试从分子运动的角度来解释 PMMA 动态力学曲线上出现的各个转变峰的物理意义。

第十单元　聚合物的热性能

实验 34　维卡软化点温度的测定

一、实验目的

1. 掌握塑料维卡软化点温度的测定方法。

2. 掌握 WKW-300 型热变形维卡温度测定仪的操作方法，并了解其工作原理。

二、实验原理

聚合物的耐热性能，通常是指它在温度升高时保持其物理力学性能的能力。聚合物材料在使用时要承受外力的作用，因此耐热温度是指在一定外力作用下，聚合物材料到达某一规定形变值时的温度。对于塑料的耐热性能，常用马丁耐热温度、维卡软化点温度、热变形温度等进行表征。

热变形温度是塑料试样浸在一种等速升温的液体传热介质中，在简支梁弯曲负载作用下，试样弯曲变形达到规定值时的测定温度。维卡软化温度是塑料在液体传热介质中，在一定的负荷和一定的等速升温下，试样被 $1mm^2$ 针头压入 $1mm$ 时的温度。它可以用于聚合物材料的开发、表征和质量控制，并可用于不同热塑性聚合物耐性能的相对比较。

本实验测定聚甲基丙烯酸甲酯的维卡软化点温度。

三、实验仪器及试样

1. 实验仪器

WKW-300 计算机控制热形变维卡温度测定仪

(1) 技术指标

① 温度范围：室温～300℃。

② 温度测量精度：±0.5℃。

③ 最大加热功率：≤4000W。

④ 电源：220V，50Hz，50A。

⑤ 匀速升温率：$A=(5\pm0.5)$℃$/6min$；$B=(12\pm1.0)$℃$/6min$。

⑥ 形变测量范围：0～5.00mm。

　数显表分辨率：0.001mm。

⑦ 变形测量精度：0.01mm。

⑧ 试样单元：三单元。

⑨ 加热介质：甲基硅油或变压器油。

(2) 工作原理　仪器主体部分是油浴箱，油温由温度传感器进行检测。

将按照标准制备试样固定在试样架的夹具上，然后浸入油箱内，在压头上方装有砝码托盘及形变传感器。当变形传感器检测的变形量达到预设值时，由温度传感器检测油浴箱内此时的温度值，即为这种材料的热变形或维卡软化点温度。该实验过程中的相关数据、曲线均由计算机显示及存储，并可打印数据和曲线报告。

（3）操作面板使用说明。如图 34-1 所示。

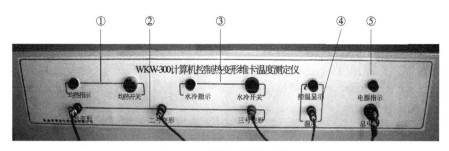

图 34-1　操作面板实物图

① 均热控制：打开均热开关后电动机带动油浴箱内搅拌叶片转动，使油浴箱内的液体流动；电动机工作时均热指示灯亮。

② 数显表数据接口：将实验架上数显表的数据线依此连接在这里供计算机采集试样变形量。

③ 水冷控制：打开水冷开关后水泵工作，进行水冷；水泵工作时均热指示灯亮。

注意：未接入水原时，请勿打开水冷开关，以避免空转损坏水泵。

④ 温度控制：将温度传感器的数据线连接在这里供控温采集数据，加热时指示灯闪烁。

⑤ 电源开关：主机总的电源开关，打开后电源指示灯亮。

注意：打开电源后，在实验前再打开背部的加热开关，实验结束后也应先关闭加热开关再关闭电源开关。

2. 试样要求

按照 GB/T 1633—2000 标准执行试样厚 3～6.5mm，边长 10mm 的正方形或直径 10mm 的圆形。试样表面应该平整、平行、无飞边。

四、实验步骤

① 试样准备：试样 PP，形状和尺寸按 GB/T 1633—2000 厚度 3～6.5cm，边长为 10cm 的正方形，试样平整、平行、无飞边。

② 检查仪器电源线、数据线、进出水管等，确保已经连接好，打开主机电源开关，预热 30min。

③ 试样安装，将试样架抬升，试样居中放置在维卡压头正下方。

④ 调整好数显表位置。

⑤ 打开计算机的电源开关，进入 WINDOWS XP 操作系统，双击桌面上的快捷方式"WK"，打开维卡试验软件的设置界面，进行参数设置。

根据相关标准 GB/T 1633—2000，负荷力值 10N；形变量 1mm；起始温度 40℃；终止温度 120℃；升温速率 120℃/h。设置好后，按"确定"键进入试验软件的主界面。

⑥ 确保每个数显表单位为 mm，依次按每个数显表上的"0"键将示值清零，然后打开主机背部的加热开关和正面的均热开关。

⑦ 点击试验软件主界面上的"开始"按钮，待油浴箱内温度稳定在设置起始温度时，软件提示每个试验架需加载的砝码质量，本实验将 10N 砝码放置在砝码盘上。

⑧ 砝码放置好后，点击软件主界面上的"开始试验"按钮，试验开始。此时油浴箱以设置的升温速率进行升温，软件主界面会显示出温度值及各数显表测量到的形变量，当数显

表的形变量达到预设值时（1cm），软件自动记录此时温度值。此时试验自动结束，并弹出对话框询问对实验结果是否满意，按"是"保存（按"否"取消），至此，完成了维卡软化点测试。

⑨ 试验完毕，关闭背部的加热开关，确认进出水管已经接好后，打开入水管的阀门，再打开操作面板上的冷水开关，进行加热的油浴冷却。然后将砝码、数显表移开，升起试样架，取出试样。

五、实验数据记录及处理

1. 实验数据记录（表34-1）

表 34-1　实验记录表

试样编号	试样尺寸			升温速率	备注
	长	宽	厚		
1					
2					
3					

2. 实验结果分析

点击主界面上工具栏中的"打开"图标，选择保存好的文件名，然后点击工具栏中"回显"图标，主界面上显示出曲线，点击工具栏中的"打印预览"图标，弹出试验报告单预览窗口，按"打印"键打印试验报告单。

实验结果是三架试样温度的平均值即为试样的维卡软化点温度。

如果试验结果有两试样间温度差别高于2℃时，则必须重复做试验。

六、注意事项

1. 使用前需将主机调整至水平状态，以免影响试验结果的准确性。

2. 在加热过程中，若出现试样异常现象，需强制关掉设备时，应首先关掉加热开关，最后再关闭总电源开关。

3. 试验后应将主机和计算机清理干净，以免淤积油污。

4. 试验结束后，请关闭全部电源开关。

5. 如果需要退出试验，必须首先点击"结束"按钮结束试验，然后再关闭试验软件。

七、思考题

1. 提高升温速率对测试结果有何影响？

2. 试说明本实验温度-形变曲线与热机械曲线有何异同？

实验 35　聚合物材料热形变温度的测定

一、实验目的

1. 学会使用热形变温度测定仪。

2. 测定聚甲基丙烯酸甲酯的热形变温度。

二、实验原理

塑料试样浸在等速升温的液体传热介质中，在简支架式的静弯曲负载作用下，试样达到规定形变量值时的温度为该材料热形变温度（HDT）。该方法只作为鉴定新产品热性能的一个指标，但不是最高使用温度，最高使用温度应根据制品的受力情况及使用要求等因素来确定。

三、实验仪器及试样

1. 实验仪器

WKW 热形变维卡温度测定仪，长春智能仪器设备有限公司生产。

仪器主要技术指标及工作原理见实验 34。仪器结构见图 35-1。

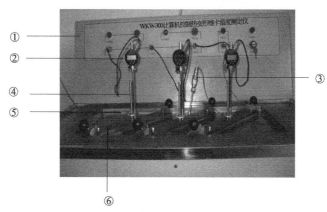

图 35-1 仪器外观局部示意图

① 操作面板：分布温度、形变传感器的数据线接口及一些控制按钮。

② 数显表：用来检测试样形变量。

③ 温度传感器：用来检测油浴箱内的油温。

④ 压杆。

⑤ 砝码托盘。

⑥ 试样架：三试样架用来放置试样。

2. 实验试样

（1）试样要求　按照 GB/1634.1—2004/ISO75-1：2003 标准中第六条款对形变试验所用试样的要求如下。

① 形状和尺寸：试样横截面为矩形的样条，其长度 l、宽度 b、厚度 h 应满足 $l > b > h$。根据试样放置方法不同，对试样具体尺寸的要求不同。

② 试样要求：试样不应有因厚度不对称所造成的翘曲现象，所有切割面都尽可能平滑。试样应无扭曲，其相邻表面互相垂直。所有表面和棱边应无划痕、麻点、凹痕和飞边等。

（2）试样放置要求　GB/1634.1—2004/ISO75-1：2003 标准的第 1.6 条款提及 GB/1643 的第 2 部分允许使用两种试样放置方式。

① 平放方式（见图 35-2）。平放方式的试样尺寸：长度 l（80±2.0）mm，宽度 b（10±0.2）mm，厚度 h（4±1.2）mm，跨度（支座与试样两条接触线之间的距离）应满足（64±1）mm，平放方式的标准挠度见表 35-1。

表 35-1　平放试验时对应不同试样高度（试样厚度 h）的标准挠度表

试样高度（试样厚度 h）/mm	标准挠度/mm	试样高度（试样厚度 h）/mm	标准挠度/mm
3.8	0.36	4.1	0.33
3.9	0.35	4.2	0.32
4.0	0.34		

注：厚度 h 的范围为（4±0.2）mm，实验时需要根据厚度值选择对应的挠度值。

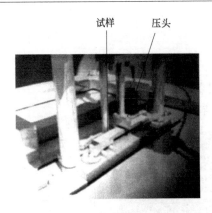

图 35-2　平放方式放置试样

图 35-3　侧立方式放置试样

② 侧放方式(见图 35-3)。侧放方式的试样尺寸：长度 l(120±10)mm，宽度 b(9.8～15)mm，厚度 h(3.0～4.0)mm。跨度（支座与试样两条接触线之间的距离）应满足（100±1)mm。

侧放方式的标准挠度见表 35-2。

表 35-2　侧放试验时对应不同试样高度（试样厚度 h）的标准挠度表

试样高度（试样宽度 b)/mm	标准挠度/mm	试样高度（试样宽度 b)/mm	标准挠度/mm
9.8～9.9	0.33	12.4～12.7	0.26
10.0～10.3	0.32	12.8～13.2	0.25
10.4～10.6	0.31	13.3～13.7	0.24
10.7～10.9	0.30	13.8～14.1	0.23
11.0～11.4	0.29	14.2～14.6	0.22
11.5～11.9	0.28	14.7～15.0	0.21
12.0～12.3	0.27		

注：宽度 b 的范围为 9.8～15mm，实验时需要根据宽度值选择对应的挠度值。

(3) 施加负荷　本试验机在试验过程中，需加载负荷砝码的大小由软件计算出并提示。

GB/1634.2—2004/ISO 75-2：2003 的第 A.4 条款规定，施加的弯曲应力应为表 35-3 中的一种。

表 35-3　施加弯曲应力表

方　　法	弯 曲 应 力	方　　法	弯 曲 应 力
A 法	1.80MPa	C 法	8.00MPa
B 法	0.45MPa		

四、实验步骤

1. 检查电源线、数据线、进出水管等，确保都已连接好，打开主机电源开关并预热 30min。

2. 将试验架抬升，然后抬起热形变压头，将试样居中放置在跨度定位杆上，用夹具夹住试样，本试验采用平放方式，如图 35-2。

3. 旋数显表固定架侧面的固定螺钉，然后将数显表的测量杆对准试样架上圆台，向下移动数显表，使数显表的测量杆缩入表内约 2～3mm，然后旋紧固定螺丝钉将数显表固定（是为了使数显表的测量杆有 2～3mm 的可移动量，以便试验时数显表能够测量出压头的移动量）。

4. 打开计算机的电源开关，进入 WINDOWS XP 操作系统，双击桌面上的"RBX"，打开热形变试验软件的设置界面，进行试验参数设置。

主要参数

相关标准选项：选择本次试验依据的标准号。

放置方式选项："f 法"表示平放方式，"e 法"表示侧立方式。

试样跨距：根据试样放置方式填入对应的跨度值。

起始温度：起始温度应低于 27℃。

终止温度：此值应大于受试材料的热形变温度值（当油浴箱内的油温达到终止温度项内填写的温度值时，系统停止加热）。

升温速率选项：有 5℃/6min 与 12℃/6min 可选。

试样高度和试样宽度：量取三架试样的厚度和宽度值，应精确到 0.1mm，填写在试样高度和试样宽度项内。

形变量：根据试样的放置方式，查找表 35-1 和表 35-2 中的厚度值或宽度值对应的挠度值。

弯曲正应力：查找表 35-3，将选用方法对应的弯曲应力值填写在此项内。

存储路径：设置本次试验结果的保存位置及文件名。

5. 设置好参数后，按确定键进入试验软件的主界面。

6. 确保每个数显表都关闭特殊功能状态并且示值单位为 mm，依次按每个数显表上的"0"键，将示值清零，然后打开主机背部加热开关和正面的均热开关。

7. 点击试验软件主界面上的"开始"按钮，软件提示正在进行"恒温运行"，待油浴箱内温度稳定在设置的起始温度时，软件提示每个试样架需加载的砝码量，圆盘砝码放置在砝码托盘上，小砝码对称放置在圆盘砝码上。

8. 放置好砝码后，点击软件主界面上的"开始按钮"，试验开始，此时油浴箱内以设置的升温速率进行升温，软件主界面会显示出温度值及各数显表测量到的变形量，当数显表的变形量达到预设值时，软件自动记录此时的温度值。当三架数显表均达到预设变形量时，试验自动结束，并弹出对话框询问对试验结果是否满意，按"是"保存，按"否"取消。

9. 试验完毕后，关闭背部的加热开关，如果需要使用水冷方式进行冷却，确认进出水管已经接好后，打开入水管的阀门，然后打开操作面板上的水冷开关。冷却后取出试样。

五、实验记录及数据处理（见表 35-4）

表 35-4　实验记录表

试样编号	试样尺寸			升温速率	热形变温度
	长	宽	厚		
1					
2					
3					

查看已保存试验结果，点击主界面上工具栏中的"打开"图标，选择以保存数据文件，然后点击工具栏"回显"图标，主界面显示试验曲线，点击工具栏中的"打印预览"图标，弹出试验报告单预览窗口，按"打印"键，打印出试验报告单。

六、**注意事项**（同实验 34）

七、**思考题**

    1. 试说明本试验测定的温度-形变曲线与热机械曲线有何异同？

    2. 测定材料耐热性能一般有哪几种方法？不同方法测得的耐热性能能够相互比较吗？

实验 36 聚合物的差示扫描量热分析

一、实验目的

    1. 掌握差示扫描量热法（DSC）的基本原理及仪器使用方法。

    2. 测量聚乙烯的 DSC 曲线，并求出其 T_m、ΔH_m 和 X_c。

二、实验原理

    差热分析法（Differential Thermal Analysis，DTA）是一种重要的热分析方法，是指在程序控温下，测量物质和参比物的温度差与温度或者时间的关系的一种测试技术。该法广泛应用于测定物质在热反应时的特征温度及吸收或放出的热量，包括物质相变、分解、化合、凝固、脱水、蒸发等物理或化学反应。广泛应用于无机、有机，特别是高分子聚合物、玻璃钢等领域。差热分析操作简单，但在实际工作中往往发现同一试样在不同仪器上测量，或不同的人在同一仪器上测量，所得到的差热曲线结果有差异。峰的最高温度、形状、面积和峰值大小都会发生一定变化。其主要原因是热量与许多因素有关，传热情况比较复杂。虽然过去许多人在利用 DTA 进行量热定量研究方面做过许多努力，但均需借助复杂的热传导模型进行繁杂的计算，而且由于引入的假设条件往往与实际存在差别而使得精度不高，差示扫描量热法（简称 DSC）就是为克服 DTA 在定量测量方面的不足而发展起来的一种新技术。20 世纪 60 年代，差示扫描量热法（Differential Scanning Calorimetry，DSC）被提出，其特点是使用温度范围比较宽，分辨能力和灵敏度高，根据测量方法的不同，可分为功率补偿型 DSC 和热流型 DSC，主要用于定量测量各种热力学参数和动力学参数。

    差示扫描量热法是在程序升温的条件下，测量试样与参比物之间的能量差随温度变化的一种分析方法。差示扫描量热法有补偿式和热流式两种。在差示扫描量热中，为使试样和参比物的温差保持为零，在单位时间所必需施加的热量与温度的关系曲线为 DSC 曲线。曲线的纵轴为单位时间所加热量，横轴为温度或时间。曲线的面积正比于热熔的变化。DSC 与DTA 原理相同，但性能优于 DTA，测定热量比 DTA 准确，而且分辨率和重现性也比 DTA 好。由于具有以上优点，DSC 在聚合物领域获得了广泛应用，大部分 DAT 应用领域都可以采用 DSC 进行测量，灵敏度和精确度更高，试样用量更少。由于其在定量上的方便更适于测量结晶度、结晶动力学以及聚合、固化、交联氧化、分解等反应的反应热及研究其反应动力学。

（一）DSC 简介

    DSC 是在程序控制温度下测量输入到物质（试样）和参比物的能量差与温度（或时间）关系的一种技术。根据测量的方法又可分为两种基本类型：功率补偿型和热流型，两者分别测量输入试样和参比物的功率差及试样和参比物的温度差。

    1. DSC 相对 DTA 的优势

    差热分析（DTA）的缺点有以下几点。

① 精确度不高，只能得到近似值；

② 需要使用较多的试样，在发生热效应时试样温度与程序温度间有明显的偏差；

③ 试样内部温度均匀性较差。

差示扫描量热法（DSC）的优点如下。

① 灵敏度和精确度更高；

② 试样用量更少；

③ 定量方便，易于测量结晶度、结晶动力学以及聚合、固化、交联氧化、分解等反应的反应热及研究其反应动力学。

2. 功率补偿型 DSC 的原理

功率补偿型 DSC 的主要特点是试样和参比物分别具有独立的加热器和传感器。整个仪器由两个控制系统进行监控，其中一个是控制温度，使试样和参比物以预定的程序升温或降温；另一个用于补偿试样和参比物间的温差。这个温差是由试样的吸热或放热效应产生的。从补偿功率可以直接求得热流率：

$$\Delta W = \frac{\mathrm{d}H_S}{\mathrm{d}t} - \frac{\mathrm{d}H_R}{\mathrm{d}t} = \frac{\mathrm{d}H}{\mathrm{d}t} \tag{36-1}$$

式中　ΔW——所补偿的功率；

　　　$\mathrm{d}H_S$——试样的热焓；

　　　$\mathrm{d}H_R$——参比物的热焓；

　　　$\mathrm{d}H/\mathrm{d}t$——单位时间内焓变，即热流率，mJ/s。

如果试样产生热效应，则立即进行功率补偿，所补偿的功率为：

$$\Delta W = I_S^2 R_S - I_R^2 R_R \tag{36-2}$$

式中，R_S 和 R_R 分别为试样与参比物加热器的电阻。

令 $R_S = R_R = R$，总电流 $I_T = I_S + I_R$，设 V_S 和 V_R 分别为试样加热器和参比物加热器的加热电压，其电压差 $\Delta V = V_S - V_R$，所以

$$\Delta W = R(I_S + I_R)(I_S - I_R) = I_T(I_S R - I_R R) = I_T(V_S - V_R) = I_T \Delta V \tag{36-3}$$

在式(36-3) 中，I_T 为常数，则 ΔW 与 ΔV 成正比，因此，以 ΔV 作为纵轴，即可直接表示热流率 $\mathrm{d}H/\mathrm{d}t$。

3. 仪器校正和数据处理

试样变化过程中的总焓变即为吸热或放热峰的面积：

$$\Delta H = \int_1^2 \Delta W \mathrm{d}t \tag{36-4}$$

实际上由于补偿加热器与试样及参比物间有热阻，补偿的热量有部分漏失，因此仍需通过校正再求得焓变。如峰面积为 S，则总焓变为：

$$\Delta H = KS \tag{36-5}$$

K 为仪器常数，不随温度和操作条件而变，只需取一温度点以标准物质校正即可。由于 DSC 的基线与试样及参比物的传热阻力无关，可以尽量减小热阻而提高灵敏度，此时仪器的响应也更快，峰的分辨率也更高。

（二）DSC 在聚合物中的应用

DSC 在聚合物中领域有广泛的应用：①物性（如玻璃化转变温度、熔融温度、结晶温度、结晶度、比热容等）测定；②材料测定；③混合物组成的含量测定；④吸附、吸收和解吸过程研究；⑤反应性研究（聚合、交联、氧化、分解，反应温度或温区等）；⑥动力学研究。

图 36-1 为聚合物的典型 DSC 和 DTA 模式曲线，从中可以得到聚合物的各种物性参数。

1. 结晶度 X_c 的计算

$$X_c = \frac{\Delta H_m}{\Delta H^*} \times 100\% \tag{36-6}$$

式中，ΔH_m 为试样的熔融热；ΔH^* 为完全结晶聚合物的熔融热。

2. 反应动力学

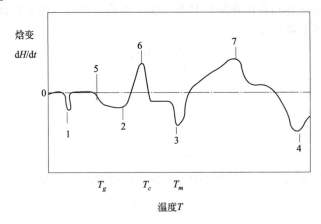

图 36-1　聚合物的典型 DSC 和 DTA 模式曲线

1—固-固一级转变；2—偏移的基线；3—熔融转变；4—降解或
汽化；5—玻璃化转变；6—结晶；7—固化，交联，氧化等

DSC 用于反应动力学研究时的前提是反应进行的程度与反应放出或吸收的热效应成正比，即与 DSC 曲线下的面积成正比，于是反应率 α 可表示为：

$$\alpha = \frac{\Delta H}{\Delta H_T} = \frac{S'}{S} \tag{36-7}$$

$$1 - \alpha = \frac{\Delta H_T - \Delta H}{\Delta h_T} = \frac{S - S'}{S} = \frac{S''}{S} \tag{36-8}$$

$$\frac{d\alpha}{dt} = \frac{1}{\Delta H_T} = \frac{dH}{dt} \tag{36-9}$$

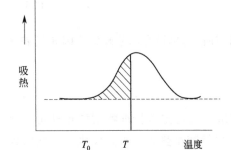

图 36-2　反应峰动力学处理

式中　ΔH——温度 T 时的反应热；

ΔH_T——反应的总热量；

S——DSC 曲线下的总面积；

S'——从 T_0 到 T 曲线下的面积（图 36-2 中曲线下阴影部分）；

S''——$S'' = S - S'$（图 36-2 中曲线下空白部分）。

反应动力学方程可写为

$$\frac{d\alpha}{dt} = Ae^{-\frac{E}{RT}}(1-\alpha)^n = Ae^{-\frac{E}{RT}}\left(\frac{\Delta H_T - \Delta H}{\Delta H_T}\right)^n = \frac{1}{\Delta H_T}\frac{dH}{dt} \tag{36-10}$$

式中，E 为活化能；A 为频率因子；R 为气体常数；T 为温度；n 为反应级数。

取对数形式，

$$\ln\frac{1}{\Delta H_T}\frac{dH}{dt} - n\ln\frac{\Delta H_T - \Delta H}{\Delta H_T} = -\frac{E}{RT} + \ln A \tag{36-11}$$

如果反应级数已知，那么上式左边对 $1/T$ 作图应为一直线，由斜率可求得 E，由截距可求得 A。

3. 等温结晶动力学

等温结晶过程的实验方法是采用响应速度快的 DSC，将熔融状态的试样急冷到熔点以下的某一温度（结晶温度），并保持恒温进行测定。曲线首先回到基线，然后经过诱导期 tid 后出现放热峰。

此时式(36-8)中的 $(1-\alpha)$ 为时间 t 时未结晶的部分的百分率。根据 Avrami 结晶动力学方程：

$$1-\alpha = 1 - \frac{X_t}{X_\infty} = \exp(-Kt^n) \tag{36-12}$$

式中，X_t 为 t 时刻结晶相的重量分率；X_∞ 为结晶终了时结晶相的质量分数。

上式可写成

$$\lg[-\ln(1-\alpha)] = \lg K + n\lg t \tag{36-13}$$

以 $\lg[-\ln(1-\alpha)]$ 对 $\lg t$ 作图得一直线，由斜率可得 n，由截距可得结晶速率常数 K。

（三）DSC 分析的影响因素

1. 样品

① 试样粒度对表面反应或受扩散控制的反应影响较大，粒度减小，峰温下降。

② 样品量多少对所测的转变温度有影响，样品量增加，峰的起始温度不变，但峰顶温度升高，峰结束温度也提高，因此，同类样品要相互比较其差异，最好采用相同的量。

③ 试样的装填方式影响到传热情况，装填是否紧密又和粒度有关。测试玻璃化转变和相转变时，最好采用薄膜或细粉状试样，并使试样铺满坩埚底部，加盖压紧，尽可能平整，保证接触良好。放置坩埚的操作及位置也会有影响，每次应统一。

2. 实验条件

① 一般试样量小，曲线出峰明显、分辨率高，基线漂移小；试样量大，峰大而宽，相邻峰可能重叠，峰温升高。测 T_g 时，热容变化小，试样量要适当多一些。试样的量和参比物的量要匹配，以免两者热容相差太大引起基线漂移。

② 升温速率提高时，峰温上升，峰面积与峰高也有一定上升，对于高分子转变的松弛过程（如玻璃化转变），升温速率的影响更大。升温速率太慢，转变不明显，甚至观察不到；升温速率太快，转变明显，但测得 T_g 偏高。升温速率对 T_m 影响不大，但有些聚合物在升温过程中会发生重组、晶体完善化，使 T_m 和 X_c 都提高。升温速率对峰的形状也有影响，

升温速率慢，峰尖锐，分辨率高；升温速率快，基线漂移大。

③ 炉内气氛则对有化学反应的过程产生大的影响。对玻璃化转变和相转变测定，气氛影响不大。一般使用惰性气体，如 N_2、Ar、He 等，就不会产生氧化反应峰，但气体流速必须恒定（$10mL/min$），否则会引起基线波动。

3. 仪器

① 加热方式及炉子的形状会影响到向样品中传热的方式、炉温均匀性及热惯性的不同。

② 样品支架也对热传递及温度分布有重要影响。

③ 测温位置、热电偶类型及与样品坩埚的接触方式都会对温度坐标产生影响。

仪器因素一般是不变的，可以通过温度标定采用标样对仪器进行校正。

三、实验仪器及试样

1. 实验仪器

CDR-4P 型差动热分析仪，上海天平仪器厂生产，如图 36-3 所示；电子天平。

2. 实验试样

样品：聚乙烯。

参比：$\alpha\text{-}Al_2O_3$。

图 36-3　实验用差动热分析仪实物图
1—电炉；2—温度控制单元；3—差热放大单元；4—差动热补偿单元；
5—数据接口单元

四、实验步骤

1. 仪器准备：按照仪器说明书的要求对仪器进行检查，做好准备工作，使仪器处于正常状态。

2. 从面板下方到上方依次打开仪器电源，预热 $20min$。

3. 准确称取 $15mg$ 左右 $\alpha\text{-}Al_2O_3$ 作为参比物，再称取相当质量的待测聚合物。转动手柄，将电炉的炉体升到顶部，然后将炉体向前转出，将样品和参比分别放入样品支架的左右两侧托盘，然后将电炉转回原位，利用炉架底座作为反射镜，观察试样支架是否在炉体的中间。慢慢降下炉体，盖好炉盖。

4. 接通冷却水，选择所需的测试气氛，调节好气体流量。

5. 调节仪器测试条件。

① 将差热放大器单元的量程选择开关置于"短路"位置，"差动/差热"选择开关置于"差热"位置。转动"调零"旋钮，使差热指示电表指在"0"位。差动热补偿单元在正常情

况下不需要调零。

② 将"差动/差热"开关置于"差动"位置，微伏放大器量程开关置于"±100μV"位置（注意：不论热量补偿的量程选择在哪一挡，做差动测量时，微伏放大器量程都应放在±100μV挡），斜率调整置于"6"。

③ 将差热补偿放大器单元的"准备/工作"旋钮置于"工作"位置，量程开关放在适当位置（一般选择 80mW 或 120mW）。如无法估计确切的量程，则可放在量程较大的位置，先预做一次。

6. 根据测量要求，选择适当的升温方式和速度编制程序。

① 按住"∧"键，SV 屏幕显示"STOP"时再松手。

② 按一下"<"键即放开，PV 屏幕显示"C　01"，用"∧"、"∨"键调节温度高低，用"<"键移动小数点位置，输入起始温度（一般设为零）。

③ 按一下"⤷"键，立即松手（若按住超过两秒，出现"STEP"时，不能再按其它键，必须等待 SV 屏幕出现跳跃"HOLD"状态时，重新由第一步开始设置），PV 屏幕显示"T　01"，用"∧"、"∨"键，输入第一阶段升温所需时间。

④ 按一下"⤷"键，PV 屏幕显示"C　02"，用"∧"、"∨"键，输入第一阶段结束温度（通常比实际所需温度高 30℃左右）。

⑤ 按一下"⤷"键，PV 屏幕显示"T　02"，用"∧"、"∨"键，输入"－120"表示停止加热。等待 SV 屏幕自动跳跃到 STOP 状态，即 STEP1 设定操作完毕。

⑥ 按住"∧"键，SV 屏幕显示"HOLD"时即松手，等待 3min 使指令完全输入。

⑦ 按住"∧"键，SV 屏幕显示"RUN"时立即松手，再按电炉启动按钮，即电炉开始升温，此时输出电压由 0.2V 逐渐增大至 50V 左右即为正常。

7. 启动计算机 DSC 热分析软件，出现"数据采样程序"界面，点击"采样设置"，设置好样品名称、质量、升温速度等相关参数，然后开始采样。

8. 升温至所需值后，按电炉停止按钮，结束升温。然后，按住"∧"键，直到 SV 屏幕显示"STOP"时再松手。

9. 按"曲线"菜单下的"保存"，将 DSC 曲线保存好。

10. 将电炉升高，用电吹风吹冷风使电炉降至室温，则可进行下一个样品的测试。

11. 测试完毕，依次关闭打印机、数据处理微机、数据站接口单元、差动热补偿单元、差热放大单元、微机温控单元（可控硅加热单元）电源开关。

12. 关闭气体阀门及冷却水。

五、实验数据记录及处理

1. 聚合物熔点 T_m

从 DSC 曲线熔融峰的两边斜率最大处引切线，相交点所对应的温度作为 T_m。

2. 聚合物的熔融热 ΔH_m

熔融热 ΔH_m 由标准物的 DSC 曲线熔融峰测出单位面积所对应的热量（数据已储存于计算机中），然后根据被测试样的 DSC 曲线熔融峰面积，即可求得其 ΔH_m。

3. 聚合物的结晶度 X_c

根据式(36-6)计算聚合物的结晶度 X_c，式中 ΔH^* 为完全结晶聚合物的熔融热，用三十二烷的熔融热（270.38J/g）代替。

　　附上实验图谱，对所得到的 DSC 曲线进行分析，讨论实验过程的注意事项和影响因素。

六、注意事项

　　1. 样品应装填紧密、平整，如在动态气氛中测试，还需加盖铝片。

　　2. 升温程序的第二段设为 300～-121℃，-121℃为停止指令，即温度达到 300℃后停止加热。

　　3. "斜率"旋钮用于调整基线水平，已由老师调整好，不再自行调整。

七、思考题

　　1. DSC 的基本原理是什么？在聚合物中有哪些用途？

　　2. DSC 实验中如何求得过程中的热效应？

　　3. 有一由快速冷却得到的低结晶度的 PET 样品，现在以较慢的升温速率作 DSC 实验直到分解。请画出其 DSC 谱图，并指出求得实验前样品结晶度的方法及计算公式。

实验 37　膨胀计法测定聚合物的玻璃化转变温度

一、实验目的

　　1. 掌握膨胀计法测定聚合物玻璃化温度的方法。

　　2. 了解升温速率对玻璃化温度的影响。

　　3. 深入理解自由体积概念在高分子学科中的重要性。

二、实验原理

　　聚合物玻璃化转变是玻璃态和高弹态之间转变。从分子运动观点来看，玻璃化转变与约含 20～50 个主链碳原子的链段运动有关，是高分子的链段运动被激发的过程。

　　玻璃化温度（T_g）是聚合物的特征温度之一，所谓塑料和橡胶就是按它们玻璃化温度是在室温以上还是在室温以下而言的。因此从工艺角度来看，玻璃化温度 T_g 是非晶态热塑性塑料（如 PS、PMMA、硬质 PVC 等）使用温度的上限，是橡胶或弹性体（如天然橡胶、顺丁橡胶、SBS 等）使用温度下限。

　　聚合物玻璃化转变时，除了力学性质，如形变、模量等发生明显变化外，许多物理性质，如比体积、膨胀系数、比热容、热导率、密度、折射率、介电常数等，也都有很大变化。所以，原则上所有在玻璃化转变过程发生突变或不连续变化的物理性质，都可以用来测定聚合物的 T_g。

　　聚合物的玻璃化转变现象是一个极为复杂的现象，它的本质至今还不完全了解，对于玻璃化转变现象，已经提出理论很多，主要有三种：自由体积理论、热力学理论和动力学理论。自由体积理论认为，在玻璃态下，由于链段运动被冻结，自由体积也被冻结，聚合物随温度升高而发生的膨胀只是由于正常的分子膨胀过程造成的，而在 T_g 以上，除了正常的分子膨胀过程外，还有自由体积的膨胀，因此高弹态的膨胀系数比玻璃态的膨胀系数来得大。当自由体积分数达到一临界下限值（2.5%）时，链段运动正好能发生（这就是玻璃化转变的等自由体积理论）。由于在玻璃化转变时，除了体积膨胀系数外，聚合物的热容和压缩系数也发生不连续的变化，而这些量正好是 Gibbs 自由能的二级偏导数。根据热力学理论，体系 Gibbs 自由能的一级偏导数不连续的过程被称为一级转变，则二级转变可定义为体系 Gibbs 自由能的二级偏导数不连续的过程。因此玻璃化转变有时也被称作二级转变，T_g 被称为二级转变点。但是许多实验事实表明玻璃化转变过程没有达到真正的热力学平衡，T_g 依赖于测定方法和升温（或降温）速率，例如升温速率慢，T_g 较低，升温速率快，T_g 就较高。即链段运动对外界变化的响应达不到平衡，是一个速率过程。这些是由于高分子运动特点所决定的，从分子运动观点看，高分子的运动单元在运动时所受到的内摩擦力较大，因此高分子的运动过程是一个弛豫过程，即在一定的外界条件下，聚合物从一种平衡态，通过分子的运动，达到新的平衡态可能需要较长的时间，并且不同大小的运动单元具有不同的弛豫时间。

本实验采用体膨胀计直接测量聚合物的体积随温度的变化，以体积变化对温度作图（图36-1 所示），从曲线的两个直线段外推得一交点，此交点对应的温度即为该聚合物的玻璃化温度 T_g。由于观察到的玻璃化转变不是热力学平衡过程，而是一个松弛过程，因此 T_g 值的大小和测试条件有关。图 37-1 为快速冷却和缓慢冷却时聚合物的比体积-温度曲线，从中可以看出，降温速率越快，T_g 越是向高温方向移动。根据自由体积理论，在降温过程中，分子通过链段运动进行位置调整，多余的自由体积腾出并逐渐扩散出去，因此在聚合物冷却，体积收缩时，自由体积也在减少。考虑到黏度随温度的降低而增大，这种位置的调整不能及时进行，所以聚合物的实际体积总比该温度下的平衡体积来得大，表现为比体积-温度曲线上在 T_g 处发生转折。降温速率越快，聚合物的实际体积就比该温度下的平衡体积大得越多，比体积-温度曲线转折得越早，T_g 就偏高；反之，降温速率太慢，则所得 T_g 偏低，以至于测不到 T_g。一般控制在 $1\sim2℃/min$ 为宜。升温速率对 T_g 的影响也是如此。

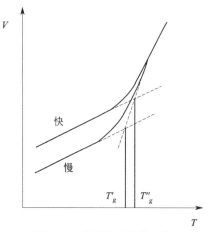

图 37-1　非晶聚合物的比体积-温度曲线

T_g 的大小还和外力有关：单向的外力能促使链段运动，外力越大，T_g 降低就越多；外力的频率变化引起玻璃化转变点的变化，频率增加，则 T_g 升高，所以作为静态法的膨胀计法比动态法测定的 T_g 要低一些。

除了外界条件的影响外，T_g 主要受到聚合物本身化学结构的支配，分子链的柔顺性是决定聚合物 T_g 的最重要因素，主链柔性越好，玻璃化温度越低。还有影响 T_g 的其它结构因素，例如共聚、交联、增塑以及分子量等。

三、实验仪器及试剂

1. 实验仪器

膨胀计（容量瓶 10mL，毛细管直径约 1mm，长度 50mm）装置见图 16-1，水浴加热器、温度计。

2. 实验试剂

颗粒状尼龙 6，丙三醇。

四、实验步骤

1. 洗净膨胀计，烘干。装入尼龙-6 颗粒至膨胀计总体积的 4/5 左右。

2. 在膨胀计内加满介质丙三醇，用玻璃棒搅动或抽气，保证膨胀计内没有气泡，特别是尼龙-6 颗粒上没有吸附气泡。

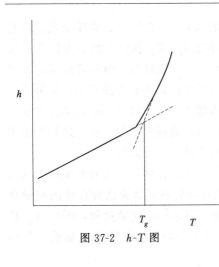

图 37-2　h-T 图

3. 插上毛细管，使丙三醇的液面在毛细管下部，磨口接头用弹簧固定，如果毛细管内发现有气泡要重装。（请思考为什么？）

4. 将装好的膨胀计浸入水浴中，控制水浴升温速度为 1℃/min。

5. 读取水浴温度和毛细管内丙三醇液面的高度（在 30～35℃ 之间每升温 1℃ 读数一次），直到 55℃ 为止。

6. 将已装好样品的膨胀计经充分冷却后，重复步骤 4 和 5，但升温速率为为 2℃/min。

7. 用毛细管内液面高度 h 对温度 T 作图，从两直线段分别外延，交点即为该升温速率下尼龙-6 的玻璃化温度 T_g 值，如图 37-2 所示。

五、实验数据记录及处理（见表 37-1 和表 37-2）

聚合物：_____；介质：_____。

第一次升温速率：_____；测试时间：_____。

第二次升温速率：_____；测试时间：_____。

表 37-1　实验数据记录

温度 T/℃									
高度 h/cm									

表 37-2　实验数据记录

温度 T/℃									
高度 h/cm									

（约读取 20 个点）

根据两次不同升温速率测试数据表，以 h 对 T 作图，求出不同升温速率下的尼龙-6 的 T_g 值。（附上 h-T 图）

六、注意事项

1. 要注意选取合适的测量温度范围。因为除了玻璃化转变外，还可能有其它的转变，这是都有体积变化。当然，T_g 是最主要的转变，一般说，这个转变体积变化也较大些。

2. 测量时，常把样品放在密闭体系中加热和冷却，体积的变化通过填充液体的液面升高而读出。因此，要求这种液体不能和聚合物发生反应，也不能使聚合物溶解和溶胀。

七、思考题

1. 本实验采用膨胀计法测定玻璃化温度，请再列举三种其它表征 T_g 的方法。

2. 用自由体积理论解释为什么不同升温速率测得聚合物玻璃化温度不同？

3. 用膨胀计法测高聚物玻璃化温度，对膨胀计内介质有什么要求？

第十一单元 聚合物熔体的流动性质

实验 38 塑料熔体流动速率的测定

一、实验目的

1. 了解热塑性塑料熔体流动速率与加工性能之间的关系。
2. 熟悉 SRZ-400C 型熔体流动速率测定仪的结构和工作原理。
3. 掌握熔体流动速率的测定方法。

二、实验原理

熔体流动速率（MFR）的定义是热塑性树脂试样在一定温度、恒定压力下，熔体在 10min 内流经标准毛细管的质量，单位是 g/10min，通常用 MFR 来表示。熔体流动速率也称为熔融指数（MI）。在相同条件下（同一种聚合物，同温、同负荷），熔体流动速率大，流动性好；相反，熔体流动速率小，则流动性小，流动性差。

衡量高聚物流动性能的指标主要有熔体流动速率、表观黏度、可塑度、门尼黏度等。大多数热塑性树脂都可用它的熔体流动速率来表示其黏流态时的流动性能。不同用途和不同加工方法对高聚物的熔体流动速率有不同的要求。一般情况下注射成型的聚合物熔体流动速率较高，但是通常测定 MI 的不能说明注射或挤出成型时聚合物的实际流动性，因为在荷重 2160g 的条件下，熔体剪切速度约为 $10^{-2} \sim 10^{-1} s^{-1}$，属于低剪切速率下的流动，远比注射或挤出成型加工中通常的剪切速率（$10^2 \sim 10^4 s^{-1}$）范围低。由于熔体流动速率测定仪具有结构简单、方法简便的优点。用 MI 能方便的表示聚合物流动性高低。所以对成型加工中材料的选择和适用性有参考的实用价值。

ASTMD12138 规定了常用高聚物的测试方法，测试条件包括：温度范围为 $120 \sim 300℃$，负荷范围 $0.325 \sim 21.6kg$（相应压力范围为 $0.046 \sim 3.04MPa$）。在这样的测试范围内，MFR 值在 $0.15 \sim 25$ 之间的测量是可信的。

熔体流动速率 MFR 的计算公式为：

$$MFR = \frac{600W}{t} \tag{38-1}$$

式中　MFR——熔体流动速率，g/10min；

　　　W——样条段质量（算术平均值），g；

　　　t——切割样条段所需时间，s。

测定不同结构的树脂熔体流动速率，所选择的测试温度、负荷压力、试样用量及实验时取样的时间等都有所不同。我国目前常用标准如表 38-1 和表 38-2 所示。

表 38-1　部分树脂测量 MFR 的标准实验条件

树脂名称	标准口模内径/mm	试验温度/℃	压力/MPa	负荷/kg
PE	2.095	190	0.304	2.160
PP	2.095	230	0.304	2.160

续表

树脂名称	标准口模内径/mm	试验温度/℃	压力/MPa	负荷/kg
PS	2.095	200	0.703	5.000
PC	2.095	300	0.169	1.200
POM	2.095	190	0.304	2.160
ABS	2.095	200	0.703	5.000
PA	2.095	230,275	0.304,0.016	2.160,0.325

表 38-2　MFR 与试样用量和实验取样时间关系

MFR/(g/10min)	试样用量/g	切料时间间隔/s
0.1～0.5	3～4	120～240
0.5～1.0	3～4	60～120
1.0～3.5	4～5	30～60
3.5～10.0	6～8	10～30
10.0～25.0	6～8	5～10

三、实验仪器及试样

1. 实验仪器

SRZ-400C 型数码显示熔体流动速率测定仪（见图 38-1），长春智能设备有限公司生产。

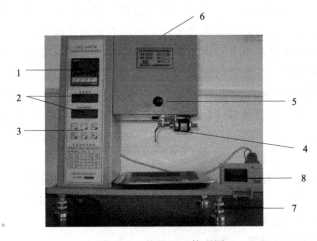

图 38-1　整机正面外观图

1—控温表；2—数码管；3—操作面板；4—切料刀及电机；
5—口模挡板；6—料筒；7—地脚和地脚座；8—微型打印机

2. 工作原理

熔体流动速率测定原理：仪器按 GB3682 的技术要求，在周围有加热元件和保温材料的标准料筒下端安装一只标准尺寸的口模，在料筒加热到设定温度时，加入被测样料，并插入带活塞的压料杆，在压料杆上端施加选定负荷。通过热塑性试样在一定温度和负荷下单位时间内通过口模的熔体质量，即可计算出该样料每 10min 通过口模的质量，即该样料的熔体流动速率。

炉体和温度控制基本原理：料筒的外部有一只黄铜均热体，在接近口模处有个温度敏感测量器，均热体外部是电加热元件，当电加热元件加热均热体时，温度检测器检测到其温度值电信号，当电信号传递至控温仪表时，仪表按照内部存储的参数进行判读，并按计算出的偏差进行 PID 调节，用脉宽输出方式控制功率模组的输出，自动调节料筒内的温度高低，精确到设定值。

3. 实验试剂

聚丙烯、聚乙烯，可以是颗粒或粉末。

四、实验步骤

1. 仪器调整水平

将口模放入料筒内，然后水平仪插入料筒，观察水平仪中气泡，旋转仪器的四个地角，使气泡停留在水平仪中央的红圈圈内，则仪器达到水平状态。

2. 温度设置

接通电源，打开加热部分的电源开关，控温指示灯亮。参考表 38-1，首先是预设温度值的设置，然后根据表 38-3，查找出选用的试验温度所对应的温度修正值，进行温度修正值设置。完成了修正值的输入，此时，PV 窗口显示的温度值与料筒内的实际温度经过控温表的修正达到一致。

表 38-3　温度修正值表

试验温度/℃	125	150	190	200	220	230	250	280	300
修正值/℃	1.1	1.1	1.3	1.2	1.4	1.2	1.6	1.1	1.7

3. 打开控制部分电源开关，前面板上的两个数码管应点亮，可进行试验参数的设置。

① 试验方法设置（本仪器共有质量法试验与体积法试验两种试验方法，可根据需要选择）。按操作面板上的"设置"键，进入试验方法选择，下数码管数字为"1"时，表示试验方法为"质量法"；数字为"2"时，表示试验方法为"体积法"。本实验采用质量法。

② 切割次数设置（按仪器说明书操作）。

③ 切割时间设置（按仪器说明书操作）。

4. 初始化状态：设置好参数后，按"确认"进入试验初始化状态。此状态下不需要进行操作，只是表示结束了试验条件设置状态。

5. 恒温状态：在初始化状态下按"启动/清零"键进入恒温状态，目的是让控温表自动调节，使料筒内的温度稳定到预设温度值。

6. 加料状态：待控温表示值稳定，按"启动/清零"键结束恒温状态，进入加料状态。在此状态下用漏斗将称量好的试样加入料筒内，将 A 砝码托盘与压料杆连接在一起，插入压料筒内将加入样料压实（样料加入量参考表 38-2 称取）。

7. 样料预热状态：加料状态持续时间达到 60s 或按"启动/清零"键均可结束加料状态进入样料加温状态。此状态的目的是使加入样料充分受热熔化。无需操作，静待即可。

8. 样料加温状态持续达到 240s 或按"启动/清零"键均可结束样料加温状态进入压料状态。在此状态下，适量向下按压砝码托盘，避免样料内存在大量气泡。然后将选择好的配重砝码放置在托盘上（根据表 38-1 选择配重砝码，A 砝码托盘与压料杆合重 325g，选择配重砝码时应计算在内）。

9. 切料状态：压料状态持续达到 60s 或按"启动/清零"键均可结束压料状态进入切料状态。在此状态下，料筒内熔化样料在配重砝码压力下通过口模挤出。电动机带动切料刀根据前面步骤设置参数每间隔一定时间转动一周，将从口模挤出的样料段切下。

10. 试样处理、结果计算：切料结束后，待切割下的样料段冷却，选取其中 3 根长度均匀、不含气泡的样料，用精密天平准确称量，算出平均值。将计算平均值代入式(38-1)计算试样熔体流动速率。

11. 试验结束后，如果连接了微型打印机，可打印试验报告单，具体操作按仪器使用说明书进行。

12. 试验完毕后，关闭仪器电源，拔下电源插头。取下砝码和活塞杆，并把活塞杆清洗干净。并应立即用附带的工具缠上纱布将料筒里和口模上的残料清理干净。

五、实验数据记录及处理 （见表 38-4）

试样名称_____；温度_____℃；负荷重_____kg；切料间隔时间_____s。

表 38-4　实验数据处理表

样条号	样条质量/g	样条平均质量/g	MFR/(g/10min)
1			
2			
3			

试样熔体流动速率 MFR 按下式计算：

$$MFR(g/10min) = \frac{600 \times 样条平均质量(g)}{切料间隔时间\, t(s)}$$

六、注意事项

1. 仪器在使用前必须放到稳固的台面上并调好水平，不允许在加热过程中用水平仪调水平，避免水平仪损坏。

2. 在试验过程中。不要用手触摸仪器的加料口，以免烫伤。

3. 请不要使用大于 21.6kg 的砝码。

4. 控温表内除了温度修正值，其它的参数请不要随意改动。

5. 切割刀片正对模口，防止刀片损坏。

6. 每次试验后，请将口模和料筒内的余料清理干净。

七、思考题

1. 测定聚合物熔体流动速率的实际意义是什么？

2. 对同一聚合物试样，改变温度和剪切应力对其熔体流动速率有何影响？

3. 聚合物熔体流动速率与分子量有何关系？

第十二单元　综合及设计性实验

实验 39　甲基丙烯酸甲酯本体聚合综合实验

一、实验目的

1. 掌握单体、引发剂的精制方法。
2. 掌握聚甲基丙烯酸甲酯板材（有机玻璃板）的聚合原理及生产工艺。
3. 掌握黏度法测定聚甲基丙烯酸甲酯的分子量。

二、实验原理

有机玻璃（PMMA）是通过甲基丙烯酸甲酯（MMA）的本体聚合制备而得。

纯净的甲基丙烯酸甲酯是无色透明液体，其沸点 100.3℃，密度 $d_4^{20}=0.937\mathrm{g/cm^3}$，折射率 $n_\mathrm{D}^{20}=1.4138$。商品用的甲基丙烯酸甲酯为了储存和运输，其中加有少量阻聚剂，如对苯二酚等，而呈黄色，在聚合前需将其除去，方法是首先用氢氧化钠溶液洗涤单体甲基丙烯酸甲酯，对苯二酚与氢氧化钠反应，生成溶于水的对苯二酚钠盐，再通过去离子水洗涤，即可除去大部分的阻聚剂，最后进行减压蒸馏，收集馏分。

本体聚合进行到一定程度，体系黏度大大增加，大分子链移动困难，而单体分子的扩散受到的影响不大，链引发和链增长反应照常进行，而增长链自由基的终止受到限制，结果使得聚合反应速率增加，聚合物分子量变大，出现自动加速效应。自动加速效应导致聚合反应速率的迅速增加，体系温度迅速升高，如果聚合热不能及时散去，会发生局部过热，在生产上甚至导致暴聚和喷料等事故。因此，自由基本体聚合中控制聚合速率，使聚合反应平稳进行是获得无瑕疵型材的关键。

为了有利于散热控制反应速率，控制聚合过程中出现的体积收缩，工业上往往采用二步法制备有机玻璃：第一步预聚合阶段，第二步聚合和高温处理阶段。预聚合是将MMA、引发剂 BPO，以及适量的增塑剂、脱模剂放在搅拌釜内于 90～95℃下聚合至 10％～20％转化率，成为黏稠液体（黏度可达 1Pa·s）后，使聚合反应暂时停止。预聚阶段体系黏度不高，凝胶效应并不严重，可在搅拌釜中较高温度下进行，传热并无困难，预聚至 10％～20％以后，体积已有部分收缩，聚合热部分排除，有利于以后聚合。

聚合阶段是将黏稠的预聚物灌入玻璃平板模具，然后移入空气或水浴中，慢慢升温至 40～50℃，在该温度下聚合数天，使转化率达 90％左右。低温缓慢聚合与散热速率相适应，如聚合过快，来不及散热造成热点，将影响分子量分布和产品强度。同时，因 MMA 沸点为 100.5℃，聚合温度过高，易产生气泡。为了适应体系收缩，平板玻璃模间嵌以橡皮条夹紧，便于收缩。转化率高达 90％以后，进一步升温至 PMMA 玻璃化温度以上（如 100～120℃），进行高温热处理，使残余单体充分聚合。高温聚合后，经冷却、脱模、修边，即成有机玻璃板成品。用黏度法测定 PMMA 分子量。

PMMA 是透明性很好的聚合物，在飞机、汽车上用作窗玻璃和罩盖。在建筑、电气、光学仪器、医疗器械、装饰品等方面都有广泛应用。

三、实验仪器及试剂

1. 实验仪器

减压蒸馏装置，烧杯（100mL），恒温水浴，温度计（100℃），布氏漏斗，三颈瓶，冷凝管，电动搅拌，玻璃板，乌氏黏度计，玻璃钢恒温水槽，秒表，洗耳球，止水夹，容量瓶（25mL），砂芯漏斗。

2. 实验试剂

甲基丙烯酸甲酯（A.R.），氢氧化钠（C.P.），过氧化苯甲酰（A.R.），氯仿（A.R.），甲醇（A.R.），硅油，正丁醇（A.R.），丙酮（A.R.）。

四、实验内容

1. 甲基丙烯酸甲酯的精制

① 在500mL分液漏斗中加入250mL甲基丙烯酸甲酯单体，用事先配置好的10％氢氧化钠水溶液反复振荡洗涤数次至无色，每次用量为40～50mL，然后再用去离子水洗至中性，用pH试纸测试呈中性即可。再用无水硫酸钠或无水氯化钙进行干燥（每升单体加100g），干燥30min。

② 按图附图1-1安装减压蒸馏装置，并与真空体系、高纯氮体系连接。要求整个体系密闭。开动真空水泵抽真空，并用煤气灯烘烤三口烧瓶、分馏柱、冷凝管、接收瓶等玻璃仪器，尽量除去系统中的空气，然后关闭抽真空活塞和压力计活塞，通高纯氮至正压。待冷却后，再抽真空、烘烤，反复3次。

③ 将干燥好的甲基丙烯酸甲酯加入减压蒸馏装置，加热并开始抽真空，控制体系压力为13.3kPa(100mmHg)进行减压蒸馏，收集46℃的馏分，测其折射率（精制后的单体为无色透明液体，其纯度可用色谱仪进行测定。也可通过折射率进行测定，在使用前往单体中加入一滴甲醇，若出现浑浊，表明仍有聚合物存在）。由于甲基丙烯酸甲酯沸点与真空度密切相关，所以对体系真空度的控制要仔细，使体系真空度在蒸馏过程中保持稳定，避免因真空度变化而形成爆沸，将杂质夹带进蒸好的甲基丙烯酸甲酯中。

④ 为防止自聚，精制好的单体要在高纯氮的保护下密封后放入冰箱中保存待用。

2. 过氧化苯甲酰的精制

① 室温下在100mL烧杯中加入5g BPO和20mL三氯甲烷，慢慢搅拌，使之溶解。

② 溶液过滤，滤液直接滴入50mL用冰盐冷却的甲醇中，则有白色针状结晶生成。

③ 含有白色针状结晶的溶液用布氏漏斗过滤，再用冷的甲醇洗涤3次，每次用甲醇5mL，抽干。反复重结晶2次后，将半固体结晶物置于真空干燥器中干燥。

④ 干燥好的产品称重，计算产率。

⑤ 产品放在棕色瓶中，保存于干燥器中备用。

3. 甲基丙烯酸甲酯的本体聚合及有机玻璃板的制备

① 预聚物的制备。准确称取50mg的过氧化苯甲酰、50g甲基丙烯酸甲酯，混合均匀，加入到配有冷凝管的三颈瓶中，开动电动搅拌器。然后水浴升温至80～90℃，反应约30～60min，体系达到一定黏度（相当于甘油黏度的两倍，转化率为7％～15％），停止加热，冷却至室温，使聚合反应缓慢进行。

② 制模。取两块玻璃板洗净、烘干，在玻璃板的一面涂上一层硅油作为脱模剂。玻

璃板外沿垫上适当厚度的垫片（涂硅油面朝内），并在四周糊上厚牛皮纸，并预留一注料口。

③ 成型。将上述预聚物浆液通过注料口缓缓注入模腔内，注意排净气泡。待模腔灌满后，用牛皮纸密封。将模子的注料口朝上垂直放入烘箱内，于40℃继续聚合20h，体系固化失去流动性。再升温至80℃，保温1h，而后再升温至100℃，保温1h，打开烘箱，自然冷却至室温。除去牛皮纸，小心撬开玻璃板，可得到透明有机玻璃一块。

4. 黏度法测定聚甲基丙烯酸甲酯的分子量
① 溶液配制。
② 安装黏度计。
③ 纯溶剂流出时间 t_0 的测定。
④ 溶液流经时间 t 的测定。
⑤ 整理工作。
具体详细操作参见实验20。

实验 40 丙烯酸酯乳液压敏胶制备综合实验

一、实验目的

1. 了解乳液压敏胶制备的方法和配方设计原理。
2. 掌握乳液聚合方法，了解乳液聚合中各组分的作用及其原理。
3. 掌握引发剂和单体精制的方法。
4. 了解乳液压敏胶性能的一般测试方法。

二、实验原理

压敏胶是无需借助于溶剂或热，只需施以一定压力就能将被粘物粘牢，得到实用黏结强度的一类胶黏剂。其中乳液压敏胶黏剂在我国压敏胶黏剂工业中占有相当重要地位，约占压敏胶黏剂总产量的80%，占全部丙烯酸酯乳液的60%。乳液压敏胶被广泛用于制作包装胶黏带、文具胶黏带、商标纸、电子、医疗卫生等领域。本实验利用乳液聚合方法制备丙烯酸酯乳液压敏胶。

压敏胶乳液的基本配方组成与常规乳液一样，包括单体、水溶性引发剂、乳化剂和水，其中单体和乳化剂的选择最为重要。影响乳液压敏胶力学性能的主要因素之一就是胶黏剂中共聚物的玻璃化温度 T_g。压敏胶的玻璃化温度一般应保持在 $-20 \sim -60$℃ 的范围比较合适，当然不同使用目的压敏胶配方体系有不同的最佳 T_g 值。玻璃化温度的调节可以通过选择具有很低的玻璃化温度的软单体与较高玻璃化温度的硬单体按一定比例共聚，这样可在保持一定内聚力的前提下有很好的初黏性和持黏性。硬单体包括苯乙烯、甲基丙烯酸甲酯、丙烯腈等，软单体包括丙烯酸丁酯、丙烯酸异辛酯、丙烯酸乙酯等。在用多种单体进行共聚时，共聚物的玻璃化温度 T_g 可以用下式来近似计算：

$$\frac{1}{T_g} = \sum_{i=1}^{n} \frac{w_i}{T_{\mu,i}}$$

式中 T_g ——共聚物玻璃化温度；

115

w_i——共聚组分 i 的质量分数；

$T_{\mu,i}$——共聚单体 i 均聚物的玻璃化温度。

为了提高压敏胶的性能，单体配方中往往还需要加入其它的功能性单体，如丙烯酸、丙烯酸羟乙酯、丙烯酸羟丙酯、N-羟基丙烯酰胺、二丙烯酸乙二醇酯等。以丙烯酸为例，丙烯酸的加入可以提高乳液的稳定性（包括乳液聚合稳定性和乳液的储存稳定性），并且提供可以与羟基交联的功能团—COOH，而压敏胶的适度交联可以提高胶的耐水性和黏结性。

乳化剂的选择也十分重要，它不但要使聚合反应平稳，同时也要使聚合反应产物具有良好的稳定性。可用于乳液聚合的乳化剂（又称表面活性剂）种类很多，有阴离子表面活性剂、阳离子表面活性剂、非离子表面活性剂、两性表面活性剂等。在聚合过程中，实验证明单独使用阴离子或非离子乳化剂均难以达到满意的效果。这是因为离子型乳化剂对 pH 值和离子非常敏感，如果单独使用离子型乳化剂，在聚合过程中很难控制乳液的稳定性。而单独使用非离子乳化剂，合成的乳液虽然离子稳定性好，对 pH 值要求不太严格，但产生的乳液粒子很大，在重力的作用下容易下沉，放置稳定性不好。采用复合乳化剂如阴离子和非离子乳化剂的复配就可以克服上述缺点，合成稳定的乳液。另外，乳化剂的用量对乳液的稳定性有很大影响，当乳化剂用量少时，乳液在聚合中稳定性差，容易发生破乳现象，随着乳化剂用量的增加，乳液逐步趋向稳定。但乳化剂用量过高又会降低压敏胶的耐水性，而且施胶时泡沫过多，影响使用性能。在实际应用时，一个完整乳液压敏胶配方中可能还要加入抗冻剂、消泡剂、防霉剂、色浆等。

丙烯酸酯乳液压敏胶多使用过硫酸盐作引发剂，本实验采用过硫酸铵。过硫酸铵中的主要杂质是硫酸氢铵和硫酸铵，可用少量水反复重结晶进行精制。本实验所制备的压敏胶单体包括三种：丙烯酸丁酯、丙烯酸、丙烯酸羟丙酯。其中丙烯酸丁酯是主要单体，后两种单体的用量只占单体总量的很少部分（3%），这里仅以丙烯酸丁酯为例进行精制。丙烯酸丁酯为无色透明的液体，常压下沸点为 145℃。为了防止丙烯酸丁酯在储运时发生自聚，应加入对苯二酚作为阻聚剂。对苯二酚可以与氢氧化钠反应，生成溶于水的对苯二酚钠盐，再通过水洗就可以去除。水洗干燥后的丙烯酸丁酯还要进一步蒸馏精制，由于丙烯酸丁酯的沸点较高，单体活性大，如果采用常压蒸馏会由于温度过高而产生聚合反应，所以需要通过减压蒸馏降低化合物的沸点温度。

三、实验仪器及试剂

1. 实验仪器

锥形瓶（500mL），恒温水浴，温度计（0～100℃），布氏漏斗，抽滤瓶，分液漏斗（500mL），试剂瓶（500mL），烧杯（50mL，500mL），三口瓶（500mL），毛细管（自制，也可事先准备好），刺型分馏柱，接收瓶（50mL 和 500mL），四口烧瓶（500mL），滴液漏斗（200mL），真空系统，玻璃棒，机械搅拌器，球形冷凝管，固定夹，广谱 pH 试纸，培养皿，烘箱，NDJ-79 型旋转式黏度计，CZY-G 型初黏性测试仪，钢板及固定架，WSM-20K 型万能材料实验机。

2. 实验试剂

过硫酸铵（分析纯），BaCl₂ 溶液，去离子水，丙烯酸丁酯，丙烯酸羟丙酯，丙烯酸，氢氧化钠，无水硫酸钠，十二烷基磺酸钠，OP-10，碳酸氢钠，氨水（见表40-1）。

表 40-1　乳液压敏胶配方

试剂	用途	用量/g
丙烯酸丁酯	单体	194
丙烯酸		4.0
丙烯酸羟丙酯		2.0
十二烷基硫酸钠	乳化剂	1.0
OP-10		1.0
过硫酸铵	引发剂	1.2
碳酸氢钠	缓冲剂	1.0
氨水	pH 调节剂	适量
去离子水	介质	170

四、实验步骤

(一) 引发剂过硫酸铵的精制

1. 在 500mL 锥形瓶中加入 200mL 去离子水，然后在 40℃ 水浴中加热 15min，使锥形瓶内水达到 40℃。

2. 迅速加入 20g 过硫酸铵，如果很快溶解，可以适当再补加过硫酸铵直至形成饱和溶液。

3. 溶液趁热用布氏漏斗过滤，滤液用冰水浴冷却即产生白色结晶（也可置于冰箱冷藏室使结晶更完全），过滤出晶体，并以冰水洗涤，用 $BaCl_2$ 液检验滤液至无 SO_2^{2-} 为止。

4. 将白色晶体置于真空干燥箱中干燥，称重，计算产率。将精制过的过硫酸铵于棕色瓶中低温保存备用。

(二) 单体丙烯酸丁酯的精制

1. 配制 5% NaOH 溶液：在 500mL 烧杯中加入 10.5g 氢氧化钠，并加入 200mL 去离子水，用玻璃棒搅拌溶解，冷却至室温备用。

2. 丙烯酸丁酯的碱洗和干燥：在 500mL 分液漏斗中加入 250mL 丙烯酸丁酯单体，用预先配好的 5% 氢氧化钠溶液洗涤 3～4 次至无色（每次用量约 40～50mL）。然后用去离子水洗至中性。放入试剂瓶中并加入适量无水硫酸钠干燥 3 天以上。

3. 按附图 1-1 所示安装蒸馏装置，并与真空体系、高纯氮体系连接。

4. 将干燥好的丙烯酸丁酯单体过滤去除干燥剂后加入三口烧瓶中，加热抽真空，控制体系的压力为 30mmHg，收集 64℃ 的馏分。由于单体的沸点与真空度密切相关，所以真空度的控制要仔细，使体系真空度在蒸馏过程中保证稳定。馏分流出速度控制在 1～2 滴/秒为宜。

5. 精制好的丙烯酸丁酯单体密封后放入冰箱保存备用。

(三) 乳液压敏胶制备

1. 单体称量：在 400mL 烧杯中依次称量丙烯酸羟丙酯 2.0g、丙烯酸 4.0g、丙烯酸丁酯 194g，用玻璃棒搅拌均匀备用。

2. 乳化剂称量：以称量纸称量十二烷基硫酸钠 1.0g，在 50mL 烧杯中称量 OP-10 1.0g 备用。

3. 引发剂称量：称量过硫酸铵 1.2g 于 50mL 烧杯中，加入 10mL 水溶解。

4. 缓冲剂称量：以称量纸称量碳酸氢钠 1.0g 备用。

5. 去离子水：在 400mL 烧杯中加入 160g 去离子水。

6. 如图 9-1 装配好反应装置。

7. 在四口烧瓶内直接加入称量好的十二烷基硫酸钠和碳酸氢钠，同时将烧杯中的 OP-10 也加入烧瓶中，并在烧杯中加入适量的去离子水（步骤 5 的去离子水）冲洗，洗液也一并倒入烧瓶，将剩余的去离子水直接加入烧瓶，开启搅拌，水浴加热至 78℃，搅拌溶解。

8. 通过分液漏斗往烧瓶内先加入约 1/10 的混合单体，搅拌 2min，然后一次性加入 30％～40％左右的过硫酸铵水溶液，反应开始。

9. 至反应体系出现蓝色，表明乳液聚合反应开始启动，10min 后再开始缓慢滴加剩余的混合单体，于 2h 内滴完，在滴加单体过程中，同时逐步加入剩余的引发剂溶液（可以采用滴管滴加，每 10min 加入一次），也在 2h 内加完。聚合过程保持反应温度在 78℃。

10. 单体和引发剂溶液滴加完毕后继续搅拌，保温 78℃反应 0.5h，然后升温到 85℃再保温反应 0.5h。撤除恒温浴槽，继续搅拌冷却至室温。

11. 将生成的乳液经纱布过滤倒出，并用氨水调节乳液的 pH 值至 7.0～8.0。

（四）乳液压敏胶性能测试

1. pH 值测定

以玻璃棒蘸取压敏胶乳液于广谱 pH 试纸上，与标准色卡对比，测定乳液 pH 值并记录。

2. 固含量测定

在培养皿（预先称重 m_0）中倒入 2g 左右的乳液并准确记录（m_1），在 105℃以上的烘箱内烘烤 2h，称量并计算干燥后的质量（m_2），测其固体百分含量：

$$固含量(\%)=\frac{干燥后的质量\ m_2}{乳液质量\ m_1}\times100\%$$

3. 黏度测试

以 NDJ-79 型旋转式黏度计测试乳液黏度。选用×1 号转子，测试温度为 25℃。

4. 初黏性测定

所谓初黏性是指物体与压敏胶黏带黏性面之间以微小压力发生短暂接触时，胶黏带对物体的粘附作用。

测试方法采用国家标准 GB 4852—1984（斜面滚球法），仪器为 CZY-G 型初黏性测试仪，倾斜角为 30℃，测试温度为 25℃。

5. 持黏性的测定。

所谓持黏性是指沿粘贴在被粘体上的压敏胶黏带长度方向悬挂一规定质量的砝码时，胶黏带抵抗位移的能力。一般用试片在实验板上移动一定距离的时间或者一定时间内移动的距离表示。

测试方法采用国家标准 GB 4851—1998。将 25mm 宽胶带与不锈钢板相粘 25mm 长，下挂 500g 重物，在 25℃下，测试胶带脱离钢板的时间。

6. 180°剥离强度测定❶

所谓 180°剥离强度是指用 180°剥离方法施加应力，使压敏胶黏带对被粘材料黏结处产生特定的破裂速率所需的力。

---

❶ 压敏胶力学性能的测试需要先将压敏胶乳液制成压敏胶带，压敏胶带的制备可以用专用的涂胶机。如果没有，也可以采用比较粗糙的方法进行简单的力学性能评价：将乳液直接倒在 BOPP（双轴拉伸聚丙烯）薄膜上，用玻璃棒涂匀，并在烘箱内干燥后再进行测试。

按国家标准 GB 2793—1981 进行测试，用 WSM-20K 型万能材料实验机测试。

实验 41　苯乙烯-丁二烯共聚合实验设计

一、实验目的

1. 掌握以苯乙烯、丁二烯为单体，针对目标产物进行聚合实验设计的基本原理。

2. 进行不同聚合机理、聚合方法的选择及确定。

3. 掌握体系的组成原理、作用、配方设计、用量确定等。

4. 了解聚合工艺条件的设置。

5. 对课堂所学理论进一步深入理解，对实验室所做实验的理论依据有更清楚认识，达到理论与实际应用相结合。

二、实验原理

苯乙烯、丁二烯是两种来源广泛的廉价单体，目前都已实现工业化生产，均形成系列化产品。聚苯乙烯为典型的热塑性塑料，聚丁二烯为典型的弹性体，两者的结合则形成一系列不同于两者的新的聚合物。通过苯乙烯和丁二烯的共聚，至今已实现工业化生产的主要共聚物有：合成橡胶的第一大品种，采用自由基乳液聚合法生产的乳聚丁苯橡胶（E-SBR）；采用阴离子溶液聚合法生产，有节能橡胶之称的溶聚丁苯橡胶（S-SBR）；有第三代橡胶之称的热塑性弹性体，采用阴离子溶液聚合法生产的苯乙烯-丁二烯-苯乙烯三嵌段共聚物（SBS）；通过以橡胶改性的、用途广泛的高抗冲聚苯乙烯，采用自由基本体-悬浮聚合法生产的丁二烯-苯乙烯接枝共聚物（HIPS）等。

苯乙烯-丁二烯共聚合试验设计是以共聚物目标产物的性能为出发点，进而推断出具有此种性能共聚物的大分子结构。由共聚物分子结构可确定所要采用的聚合机理和聚合方法，再确定聚合配方及聚合工艺条件，在此基础上进行聚合。最后对产物进行结构分析及性能测试，结果用于对所确定的合成路线进行修订。下面以星形热塑性弹性体 $(SB)_n R$ 为例，说明设计合成的具体实施。

1. 分子结构的确定

① 目标产物为一种弹性体，因此大分子链结构应以聚丁二烯为主。作为橡胶的聚丁二烯要体现出弹性，需经硫化形成以化学键为连接点的三维网络结构，但聚丁二烯将因此失去热塑性。由于聚苯乙烯和聚丁二烯内聚能不同，两者混合时会出现"相分离"现象，如能利用聚苯乙烯的热塑性，在大分子聚集态中以"物理交联点"的形式代替化学键形成三维网络结构，则可实现具有塑料加工成型特色的弹性体。

② 考虑目标产物为星形结构，大分子链结构应设计为嵌段共聚物结构，且聚丁二烯处于中间，而聚苯乙烯处于外端（为什么？）。为保证弹性及一定的强度，设计苯乙烯：丁二烯＝30∶70(质量比)（为什么？）。

2. 聚合机理及聚合方法的确定

① 对于合成嵌段共聚合，最好的聚合机理是采用阴离子活性聚合，而丁二烯、苯乙烯均为有 π-π 结构的共轭单体，利于进行阴离子聚合（为什么？）。

② 具体聚合路线为以正丁基锂引发剂引发，先合成出聚苯乙烯-丁二烯的活性链，再加入偶联剂，如四氯化硅，进行偶联反应，形成具有四臂结构的星形聚合物。

③ 由于活性链与偶联剂的偶联反应为聚合物的化学反应，为保证反应完全，且有利于

传热、传质等，采用溶液聚合。

3. 聚合配方及聚合工艺条件的确定

（1）聚合配方

a. 引发剂。根据要有较高的活性和适当的稳定性的原则，选用正丁基锂作引发剂。按阴离子聚合原理计量，以星形聚合物每臂相对分子质量为 40000 计（为什么？）。

b. 单体。苯乙烯：丁二烯＝30：70（质量比），考虑到要保证偶联反应完全及传热、传质等原因，聚合液单体质量分数定为 10%。

c. 溶剂。对溶剂的选择首先要求能对引发剂、单体、聚合物有好的溶解性；其次要稳定，在聚合过程中不发生副反应；第三是无毒、价廉、易得、易回收精制、无三废等。对于阴离子聚合而言，一般可选用烷烃、环烷烃、芳烃等为溶剂，常用的有正己烷、环己烷、苯等。芳烃一般毒性较大，多不采用。从溶度参数看，聚苯乙烯为 8.7～9.1，聚丁二烯为 8.1～8.5，这样共聚合的溶度参数约为 8.3～8.7，正己烷的溶度参数为 7.3，环己烷的溶度参数为 8.2，根据"相似相溶"的原理，选择环己烷为宜。

d. 偶联剂。四氯化硅，为保证偶联反应完全，以氯为标准，用量为活性中心总数的 1.1 倍。

e. 沉淀剂。乙醇。

以 100mL 聚合液为标准，按上述要求计算出具体聚合配方。

（2）聚合工艺

a. 反应装置。根据阴离子聚合机理，要求选用密闭反应体系（为什么？），且丁二烯常温下为气态，因此选用耐压装置。可用 250mL 厚壁玻璃聚合瓶，反应前按阴离子聚合要求进行净化、充氮。

b. 工艺路线。加入溶剂、苯乙烯、正丁基锂，先合成聚苯乙烯段；再加入丁二烯聚合，得到聚苯乙烯-丁二烯活性链；最后加入四氯化硅进行偶联反应；用乙醇沉淀、干燥，得到星形 $(SB)_n R$。

c. 反应温度。考虑常温下丁二烯为气态，确定反应温度为 50℃。为保证偶联反应完全，在偶联阶段，升温至 60℃反应。

d. 反应时间。由于分子结构要求聚丁二烯段在中间，且为保证性能，要求为完全嵌段型结构，考虑到丁二烯比苯乙烯活泼，为保证各段聚合完全，每段聚合时间定为 1h。如需加快反应，可加入少量极性试剂，如四氢呋喃（为什么？）。

4. 分析、测试

① 用 GPC 分析分子量及其分布。

② 用 NMR 分析共聚组成、序列结构和微观结构。

三、主要试剂

单体为苯乙烯和丁二烯，基本物性参数见表 41-1。

表 41-1　单体苯乙烯、丁二烯的基本物性参数

单体	相对分子质量	相对密度	熔点/℃	沸点/℃
苯乙烯	104	0.91	－30	145
丁二烯	54	0.62	－108.9	－4.4

注：苯乙烯-丁二烯的竞聚率：自由基共聚 $r_1＝0.64$，$r_2＝1.38$；阴离子共聚 $r_1＝0.03$，$r_2＝12.5$（己烷中）；$r_1＝4.00$，$r_2＝0.30$（四氢呋喃中）。

四、实验设计

（一）丁苯橡胶的设计合成

1. 目标产物 I：线形通用丁苯橡胶。

（1）提示

① 聚合机理及聚合方法：自由基无规共聚，乳液聚合。

② 反应装置：1000mL 聚合釜，装料系数 60%～70%。

③ 聚合配方：苯乙烯含量 22%～23%（质量分数），水∶单体＝（70∶30）～（60∶40）（质量比），每 100g 单体中加入氧化剂 0.10～0.25g，还原剂 0.01～0.04g，乳化剂 2～3g，分子量调节剂 0.10～0.20g，终止剂 0.05～0.15g。

对于苯乙烯-丁二烯自由基共聚，$r_1 = 0.64$，$r_2 = 1.38$。可根据 Mayer 公式的积分式求出要合成给定共聚组成且组成均匀的无规共聚物，原料配比应为多少？转化率应控制在多少？

（2）要求

① 根据目标产物性能，确定共聚物分子结构，给出简要解释。

② 确定聚合机理及聚合方法，给出简要解释，写出聚合反应的基元反应。

③ 根据提示，计算出具体聚合配方。

④ 确定聚合装置及主要仪器，画出聚合装置简图。

⑤ 制定工艺流程，画出工艺流程框图。

⑥ 确定聚合工艺条件，给出简要解释。

2. 目标产物 II：星形节能丁苯橡胶。

（1）提示

① 聚合机理及聚合方法：阴离子无规共聚，溶液聚合。

② 反应装置：1000mL 聚合釜，装料系数 60%～70%。

③ 聚合配方：引发剂为正丁基锂；苯乙烯含量为 24%～25%（质量分数）；溶剂为环己烷；聚合液质量分数为 8%；每臂的分子量为 40000；无规共聚溶剂为四氢呋喃，加入量为活性中心的 25 倍（物质的量比）；偶联剂为四氯化锡，以氯为标准，用量为活性中心总数的 1.1 倍（物质的量比）。

苯乙烯-丁二烯在非极性溶剂中进行阴离子共聚，存在 $r_2 > r_1$，如加入适量的极性试剂，则两单体趋于无规共聚。

（2）要求

① 根据目标产物性能，确定共聚物分子结构，给出简要解释。

② 确定聚合机理及聚合方法，给出简要解释，写出聚合反应的基元反应。

③ 根据提示，计算出具体聚合配方。

④ 确定聚合装置及主要仪器，画出聚合装置简图。

⑤ 制定工艺流程，画出工艺流程框图。

⑥ 确定聚合工艺条件，给出简要解释。

（二）高抗冲聚苯乙烯的设计合成

1. 目标产物 I：接枝型高抗冲聚苯乙烯。

（1）提示

① 聚合机理及聚合方法：自由基接枝共聚，第一步采用本体聚合，第二步采用悬浮

聚合。

② 工艺路线

第一步：将工业级高顺式聚丁二烯溶于单体苯乙烯中，加入引发剂进行接枝本体聚合，控制苯乙烯转化率在20%左右。

第二步：以上述体系为基础，补加苯乙烯、引发剂，加入分散剂、悬浮剂进行苯乙烯自身的悬浮聚合。

③ 反应装置 1000mL 聚合釜，装料系数 60%～70%。

④ 聚合配方

第一步：顺丁橡胶含量10%～14%（质量分数），引发剂用量是苯乙烯用量的1/2000（物质的量之比），链转移剂用量是苯乙烯用量的1/3200（物质的量之比）。

第二步：补加苯乙烯的量为第一步加入苯乙烯量的6%，补加引发剂的量为补加苯乙烯用量的1/40（物质的量之比），水：苯乙烯总量＝（75：25）～（70：30）（质量比），悬浮剂的量为苯乙烯总量的0.5%（质量分数）。

⑤ 聚合工艺

第一步：将橡胶剪碎置于苯乙烯中，70℃下搅拌至溶解。反应温度为70～75℃（以BPO为引发剂）。搅拌速率约120r/min。反应30min后，反应物由透明变为微浑，随之出现"爬杆"现象，继续反应至"爬杆"现象消失，取样分析转化率，继续反应直到转化率大于20%后停止反应。此时体系为乳白色细腻的糊状物。整个反应时间约5h。

第二步：通氮。反应温度为85℃（如以BPO为引发剂），反应到体系内粒子下沉时升温至95℃继续反应，最后升温至100℃，继续反应至反应结束。搅拌速率约120r/min。反应时间为95℃反应1h，100℃反应2h。

⑥ 转化率的测定

在10mL的小烧杯中放入5mg对苯二酚，称出总质量（m_1）。取第一步合成的产物约1g于烧杯中，称出总质量（m_2）。在烧杯中加入95mL乙醇，沉淀出聚合物，在红外灯下烘干，称出总质量（m_3）。则苯乙烯转化率为：

$$苯乙烯转化率(\%)=\frac{(m_3-m_1)-(m_2-m_1)\times R\%}{(m_2-m_1)-(m_2-m_1)\times R\%}\times100\%$$

式中，R 为投料中的橡胶含量，以苯乙烯加料总量计。

（2）要求

① 根据目标产物性能，确定共聚物分子结构，给出简要解释。

② 确定聚合机理及聚合方法，给出简要解释，写出聚合反应的基元反应。

③ 根据提示，计算出具体聚合配方。

④ 确定聚合装置及主要仪器，画出聚合装置简图。

⑤ 制定工艺流程，画出工艺流程框图。

⑥ 确定聚合工艺条件，给出简要解释。

2. 目标产物Ⅱ：嵌段型高抗冲聚苯乙烯。

（1）提示

① 适当控制嵌段共聚物中聚丁二烯的含量，可得到用于制备高透明度制品的高抗冲聚苯乙烯。大分子结构可为多嵌段型。

② 聚合机理及聚合方法：阴离子嵌段共聚，溶液聚合。

③ 反应装置：1000mL 聚合釜，装料系数 60％～70％。

④ 聚合配方：引发剂为正丁基锂，苯乙烯含量为 10％～15％（质量分数），溶剂为环己烷，聚合液浓度为 10％（质量分数），相对分子质量为 100000～150000。

（2）要求

① 根据目标产物性能，确定共聚物分子结构，给出简要解释。

② 确定聚合机理及聚合方法，给出简要解释，写出聚合反应的基元反应。

③ 根据提示，计算出具体聚合配方。

④ 确定聚合装置及主要仪器，画出聚合装置简图。

⑤ 制定工艺流程，画出工艺流程框图。

⑥ 确定聚合工艺条件，给出简要解释。

（三）热塑性弹性体的设计合成

1. 目标产物Ⅰ：苯乙烯-丁二烯-苯乙烯三嵌段共聚物。

（1）提示

① 本书中介绍了以正丁基锂为引发剂的聚合实验，此处请选择一种双锂引发剂。

② 苯乙烯含量为 30％（质量分数），相对分子质量为 150000，聚合液质量分数为 10％。

③ 反应装置为 1000mL 聚合釜，装料系数 60％～70％。

（2）要求

① 根据目标产物性能，确定共聚物分子结构，给出简要解释。

② 确定聚合机理及聚合方法，给出简要解释，写出聚合反应的基元反应。

③ 根据提示，计算出具体聚合配方。

④ 确定聚合装置及主要仪器，画出聚合装置简图。

⑤ 制定工艺流程，画出工艺流程框图。

⑥ 确定聚合工艺条件，给出简要解释。

2. 目标产物Ⅱ：五嵌段型热塑性弹性体。

（1）提示

① 苯乙烯含量为 30％（质量分数），相对分子质量为 150000，聚合液质量分数为 10％。

② 反应装置为 1000mL 聚合釜，装料系数 60％～70％。

（2）要求

① 根据目标产物性能，确定共聚物分子结构，给出简要解释。

② 确定聚合机理及聚合方法，给出简要解释，写出聚合反应的基元反应。

③ 根据提示，计算出具体聚合配方。

④ 确定聚合装置及主要仪器，画出聚合装置简图。

⑤ 制定工艺流程，画出工艺流程框图。

⑥ 确定聚合工艺条件，给出简要解释。

3. 目标产物Ⅲ：星形丁二烯-苯乙烯嵌段共聚物。

（1）提示

① 以丁基锂为引发剂，先合成丁二烯-苯乙烯嵌段共聚物（聚合顺序是什么），再用四氯化硅进行偶联。

② 苯乙烯含量为 30%（质量分数），每臂的相对分子质量为 60000，聚合液质量分数为 10%。

③ 反应装置为 1000mL 聚合釜，装料系数 60%～70%。

（2）要求

① 根据目标产物性能，确定共聚物分子结构，给出简要解释。

② 确定聚合机理及聚合方法，给出简要解释，写出聚合反应的基元反应。

③ 根据提示，计算出具体聚合配方。

④ 确定聚合装置及主要仪器，画出聚合装置简图。

⑤ 制定工艺流程，画出工艺流程框图。

⑥ 确定聚合工艺条件，给出简要解释。

实验 42　高吸水性树脂制备实验设计

一、实验目的

1. 掌握高吸水性树脂的制备方法及吸水机理。

2. 掌握聚合配方、聚合反应条件，了解产物性能的影响因素。

3. 了解聚合工艺条件的设置，进一步掌握聚合单体配比、引发剂和交联剂用量、聚合温度和反应时间等因素的确定方法。

二、实验原理

高吸水性树脂（Super Absorbent Resin，SAR）是一种含有强亲水性基因、并具有一定交联度的功能高分子材料，能吸收自身重量数百倍甚至上千倍的水、且吸水膨润后生成的凝胶在加压条件下不易将水析出。它被广泛地应用于生理卫生用品、农业园艺土壤改良材料及土木建筑改良材料等方面。

高吸水性树脂按原料来源可分为三类：淀粉系列、纤维素系列和合成系列。前两类是以淀粉或纤维素为底物，接枝共聚上亲水性或水解后有亲水性的烯类单体；后一类多是用丙烯酸盐轻微交联制得。合成系列高吸水性树脂较之淀粉系、纤维素系吸水高分子，聚合工艺简单、单体转化率高、吸水能力高、保水能力强，是目前超强吸水材料的主体产品；淀粉接枝共聚生产的高吸水性树脂吸水和保水率强，也已用于工业化生产；纤维素来源广泛，有降低成本、废物资源化和成为环境友好材料的潜力。

1. 高吸水性树脂的合成

高吸水性树脂合成的原理是自由基引发聚合，可分为亲水性单体均聚、共聚和接枝亲水性单体共聚，其引发方法以化学引发法为主，另外还有 γ-射线辐射引发法、紫外光辐射法和微波辐射法。高吸水性树脂的合成方法主要有溶液聚合、反相悬浮聚合、反相乳液聚合。溶液聚合是将反应物溶于一定溶剂中进行的聚合反应，为避免有机溶剂对环境的污染，一般用水作溶剂。该方法适用于各类吸水树脂的合成，是较为成熟的方法。

2. 合成工艺条件对高吸水性树脂吸水性能的影响

（1）单体　单体的浓度是生产合成系超强吸水高分子材料的关键。对于均聚反应，浓度太低，不但不能交联，而且易结块，使聚合难以进行；浓度太高，反应过于猛烈，链转移反应增加，支化程度、自交联程度高，降低了材料的吸水性能。对于共聚体系，单体组成具有一个合适的配比。

（2）中和度 一般中和度为 70%～90% 时，吸水率趋于最大。中和度低时，酸性条件有利于引发反应，单体转化率高，吸水率提高，但中和度太低会导致树脂中离子浓度降低，网络的静电斥力和渗透压变小，吸水率降低；中和度高时，树脂中离子浓度增加，但过高会减慢引发反应，降低转化率，同时离子浓度过多，会增加树脂的可溶部分，降低吸水率。

（3）交联剂 由于高吸水性树脂的交联度很小，常规的红外光谱和核磁共振方法难以测量，目前交联剂的用量还是多用经验法由试验确定，再由理论公式估算其交联度。常用的交联剂有多元醇（如乙二醇、甘油、环氧树脂等），不饱和聚酯（如马来酸等），酰胺类（如 N,N'-亚甲基双丙烯酰胺等），甚至金属盐类（如锆盐等）。交联剂链的长短对吸水性能有较大影响，链过长形成的网络太大吸水率低，链过短则网络过紧限制了吸水时的溶胀，故交联剂的种类及用量会直接影响到树脂的网络结构和吸水率。

（4）引发剂 高吸水性树脂的合成所采用的化学引发剂有过氧化物引发剂、偶氮类引发剂、氧化还原引发剂和铈盐、锰盐等，引发剂用量与引发剂的种类、生产方式有关，一般用量为单体的 0.01%～8%（质量）。引发剂用量多时，活性点增多，有利于提高聚合产率和接枝率，但由自由基聚合原理可知引发剂量增加，链终止反应增多，产物分子量下降，树脂交联网络收缩，吸水率降低。引发剂用量过小，聚合物交联点间相对分子量过大，树脂可溶部分增多，吸水率也下降。

（5）悬浮稳定剂 对于反相悬浮聚合体系，悬浮稳定剂在反应液滴的表面形成致密的保护膜，阻止液滴粘结，随着悬浮剂用量增加，液滴分散均匀，粒径变小，吸水率提高，但当悬浮稳定剂用量过多时，树脂颗粒过细易于结块，影响了吸水率。司班（Span）和吐温（Toween）系列是传统的悬浮稳定剂，缺点是较难获得稳定的反应体系，产物分离困难，研究表明：采用十八烷基磷酸单酯、十六烷基磷酸单酯作为悬浮稳定剂，得到了稳定的反应体系，树脂粒径均匀。

（6）反应温度 反应温度升高，体系黏度下降，单体易于分散，而且有利于引发剂的分解，单体转化率或接枝率高，吸水率增加，但温度过高，体系热量难以散去，造成局部产物自交联，降低吸水率。对于淀粉体系其适宜的聚合温度为 30～50℃，而合成树脂类一般为 60～80℃。

3. 树脂的分子设计

高吸水性树脂按单体亲水基团性质可分为阳离子型、阴离子型、非离子型和两性离子型树脂等 4 类。一般说来，离子型树脂吸盐水率较低，而非离子型和两性离子型树脂吸盐水率较高，但吸水能力差。通过使单体亲水基团多样化，进行高分子的分子设计，可达到提高高吸水性树脂性能的目的，具体措施如下：

① 引入特殊的单体，可改善树脂网络结构并提高其吸水性能。

② 在离子型单体的接枝共聚反应中引入非离子型单体，进行三元或多元共聚反应也可提高树脂的吸盐水性能。

③ 将含氨基官能团的分子，如 2-氨基甲基丙烯酸乙酯，三甲基氨基甲基丙烯酸乙酯盐酸盐等单体引入树脂结构中，改善性能。

三、主要试剂

丙烯酸、丙烯酰胺、玉米淀粉（食用级）、氢氧化钠、过硫酸铵、过硫酸钾、N,N'-亚甲基双丙烯酰胺、去离子水。

四、实验设计

（一）（丙烯酸-丙烯酰胺）高吸水性树脂的合成

1. 提示

（1）聚合机理及聚合方法：自由基聚合，水溶液聚合，引发剂过硫酸铵，交联剂 N，N'-亚甲基双丙烯酰胺。

（2）生产工艺：第一步水溶液聚合制备聚（丙烯酸-丙烯酰胺）高吸水性树脂；第二步水凝胶切成薄片，干燥箱中干燥；第三步干燥后的树脂粉碎，测其性能。

（3）性能测试方法

① 吸水性能。准确称取干燥后的高吸水性树脂 1.00g 置于去离子水或自来水中，静置至充分吸水膨胀，待吸水饱和后过 100 目筛，称重。按下式计算树脂的吸水率：

$$吸水率 = \frac{吸水后凝胶质量 - 干树脂质量}{干树脂质量}$$

② 高温保水性能。称取一定质量吸水达饱和的高吸水性树脂，记其质量为 M，置于 100℃恒温烘箱内，每隔 0.5h 取出，称重，其质量为 m。按下式计算保水率：

$$保水率 = \frac{m}{M}$$

2. 要求

① 根据目标产物，确定聚合配方、聚合机理及具体聚合方法。

② 确定吸水树脂网络结构，简要解释其吸水机理。

③ 制定工艺流程，画出工艺流程框图。

④ 测试产物吸水性能，研究聚合工艺条件对树脂吸水性能影响，确定聚合体系单体、引发剂、交联剂的用量以及丙烯酸的中和度与聚合温度。

（二）淀粉接枝丙烯酸高吸水性树脂合成

1. 提示

① 聚合机理及聚合方法：自由基聚合，水溶液聚合，引发剂过硫酸钾，交联剂 N，N'-亚甲基双丙烯酰胺。

② 聚合工艺：首先淀粉糊化均匀，丙烯酸中和，然后是恒温聚合得到树脂产物。

③ 产物后处理工艺：合成水凝胶切成薄片，干燥箱中干燥，粉碎，测性能。

④ 性能测试方法：同上。

2. 要求

① 根据目标产物，确定聚合配方、聚合机理及具体聚合方法。

② 确定吸水树脂网络结构，简要解释其吸水机理。

③ 制定目标产物工艺流程，画出工艺流程框图。

④ 测试产物吸水性能，研究聚合工艺条件对树脂吸水性能影响，确定聚合体系单体、引发剂、交联剂的用量以及丙烯酸的中和度与聚合温度，确定淀粉糊化方法。

附　录

附录 1　常用引发剂的精制

1. 过氧化苯甲酰（BPO）

过氧化苯甲酰（BPO）通常采用重结晶法提纯，为防止爆炸，重结晶操作应在室温下进行。三氯甲烷、苯、四氯化碳和乙醚对 BPO 均有相当的溶解度，都可以作为重结晶的溶剂。由于丙酮和乙醚对 BPO 有诱导分解作用，不适宜用作重结晶的溶剂。重结晶时，最常用的是以三氯甲烷作溶剂，甲醇作为沉淀剂。BPO 在各溶剂中的溶解度见附表 1-1。

称取 5g 工业级 BPO，加三氯甲烷 20mL 搅拌溶解，用布氏漏斗抽滤后，将母液滴入 50mL 甲醇中，用冰盐水冷却，则有白色针状结晶，再用布氏漏斗抽滤，用冷的甲醇洗涤三次，每次用 5mL，抽干。必要时可再结晶一二次，然后将固体 BPO 于真空干燥箱中室温干燥（注意不能加热，否则可能分解，引起爆炸）产品放入棕色瓶中，在干燥器中保存备实验用。经过多次重结晶的产品纯度可达 99%。

附表 1-1　过氧化苯甲酰的溶解度（20℃）

溶剂	石油醚	甲醇	乙醇	甲苯	丙酮	苯	氯仿
溶解度/(g/mL)	0.5	1.0	1.5	11.0	14.6	16.4	31.6

注：BPO 熔点为 170℃（分解）。

2. 偶氮二异丁腈（AIBN）的精制

偶氮二异丁腈是一种应用广泛的引发剂，提取它的主要溶剂是低级醇，尤其是乙醇，也有用水和乙醇混合液、甲醇、乙醚、甲苯和石油醚作溶剂进行精制的，其熔点为 103～104℃（分解）。

在装有回流冷凝管的 150mL 锥形瓶中加入 50mL 95% 乙醇，于水浴加热至接近沸腾，迅速加入 5g 偶氮二异丁腈，震荡，使其全部溶解（煮沸时间长，分解严重），热溶液迅速抽滤（过滤所用的漏斗和吸滤瓶必须预热），滤液冷却后得白色结晶，用布氏漏斗过滤后结晶置于真空干燥器中干燥，称重，测其熔点为 103℃（分解），产品放在棕色瓶中，保存在干燥器内。

3. 过硫酸钾或过硫酸铵

过硫酸盐中的主要杂质是硫酸氢钾（或铵）和硫酸钾（或铵），可用少量的水反复重结晶。过硫酸盐用 40℃ 的水溶解（10mL/g），过滤，滤液用水冷却，过滤出结晶，并以冰水洗涤，用 $BaCl_2$ 溶液检验无 SO_4^{2-} 或 HSO_4^- 为止，将白色柱状或板状结晶 50℃ 真空干燥。在干燥避光状态下过硫酸盐能保存较长时间，但有湿气时，则容易分解析出氧。过硫酸钾和过硫酸铵可以用碘量法测定其纯度。

过硫酸钾由过硫酸铵加氢氧化钾或碳酸钾溶液加热去氨和二氧化碳而制得。白色晶体，相对密度（d_4^{20}）2.477，在 100℃ 分解，溶于水，有强氧化性。

过硫酸铵由浓硫酸铵溶液电解后结晶而制得。无色单斜晶体，有时略带浅绿色。相对密度（d_4^{20}）1.982，在 120 ℃下分解，溶于水，有强氧化性。

4. 叔丁基过氧化氢

叔丁基过氧化氢是有机过氧化物的一个重要分支，为挥发性、微黄色透明液体，是一种烷基氢有机过氧化物。主要用作聚合反应（如聚氯乙烯、聚丙烯酸类乳液聚合单体后消除等）的引发剂，不饱合聚酯的交联剂，乳化聚合，天然生胶加硫，柴油添加剂，油漆行业等。亦广泛用作合成其它有机过氧化物的原料。

叔丁基过氧化氢的纯化方法：首先配制 50mL 25％的 NaOH 水溶液，冷却备用。取叔丁基过氧化氢（含量约为 60％）20mL，在搅拌下缓慢加到 25％的 NaOH 水溶液，使之成盐析出，过滤，将此钠盐配成饱和水溶液，然后用氯化铵或固体二氧化碳（干冰）加以中和，叔丁基过氧化氢便会再生。分离有机层，用无水碳酸钾，减压蒸馏得精制品，纯度可达 95％。

5. 三氟化硼乙醚 $[BF_3(CH_3CH_2)_2O]$

三氟化硼乙醚由硼酸与发烟硫酸和萤石粉反应后经乙醚吸收而得，也可由无水乙醚与三氟化硼气相反应而得。在有机合成中用作乙酰化、烷基化、聚合、脱水和缩合反应的催化剂，也可用作分析试剂和环氧树脂固化剂。沸点 46℃，熔点 −60.4℃，折光率（n_D^{20}）1.348，相对密度（d_4^{20}）1.12。

三氟化硼乙醚液为无色透明液体，接触空气时易被氧化，使色泽变深，可用减压蒸馏精制。在 500mL 三氟化硼乙醚液中加入 10mL 乙醚和 2g 氢化钙（CaH_2）减压蒸馏。产物保存在棕色瓶中。

6. 四氯化钛

四氯化钛可由二氧化钛、碳粉和淀粉调和后，在 600℃时通入氯气制得，为无色或淡黄色液体。四氯化钛相对密度（d_4^{20}）1.726，熔点 −30℃，沸点 136.4℃。在潮湿的空气中分解为二氧化钛和氯化氢，并伴有烟雾生成。四氯化钛中常含有 $FeCl_2$，可加入少量铜粉，加热与之作用，过滤，滤液减压蒸馏。

7. 萘锂引发剂

萘锂引发剂是一种阴离子聚合的引发剂，一般现做现用。在高纯氮的保护下，向净化好的 250mL 反应瓶中加入切成小粒的金属锂 1.5g，分析纯的萘 15g，经过精制的四氢呋喃 50mL，将反应瓶放入冷水浴中，同时开动搅拌，反应即行开始。溶液逐渐变为绿色，再变为暗绿色。反应 2h 后结束，取样分析浓度，高纯氮保护，在冰箱中保存备用。

附录 2　常用单体的精制

1. 苯乙烯的精制

苯乙烯为无色或淡黄色透明液体，其沸点为 145.2℃，熔点 −30.6℃，纯晶密度 $d_{20}=0.9060\text{g/cm}^3$，折射率（$n_D^{20}$）1.5468。为防止自聚，商品苯乙烯均需加入阻聚剂，例如对苯二酚，使用前必须除去。同时，在储存过程中亦可溶入水分和空气，对阴离子聚合影响极大，也必须设法除去。

通常用 5％～10％氢氧化钠的水溶液洗涤数次，每次用量为苯乙烯量的 10％～20％，然后用去离子水洗至中性，用无水氯化钙或无水硫酸钠干燥，再进行减压蒸馏，按附表 1-2 所列温度与蒸汽压关系取馏分。

减压蒸馏装置如附图 1-1 所示，克氏蒸馏头一颈插温度计，另一颈插入一根拉细的玻璃管或者毛细管，毛细管下端离烧瓶底 1～2mm，上端套有带螺旋夹的橡皮管，毛细管插入液面鼓泡可以提供沸腾的汽化中心，防止液体暴沸，也可以此来调节进入的空气量，使蒸馏平稳地进行。应注意的是，苯乙烯减压蒸馏时，加入的苯乙烯量每次不得超过蒸馏瓶容积的 1/2，内压不要太低，否则不易控制，一般控制在 58～60℃、5.332kPa。这样精制的单体可用于自由基聚合，为

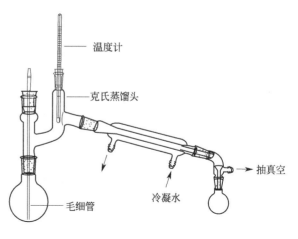

附图 1-1　减压蒸馏装置

了得到更高纯度的苯乙烯单体以用作阴离子聚合，可将聚合级苯乙烯先用 5A 分子筛浸泡一周，然后，在氢化钙或钠存在下通过毛细管通入干燥的高纯氮或氩气保护进行减压蒸馏，收集所需馏分。馏分不得与空气接触（用专门设计的 250mL 接收瓶）放入冰箱中保存备用。

供聚合用的苯乙烯是无色透明的液体，苯乙烯含量一般在 99% 以上，可用色谱测定它的纯度，也可通过其它方法如测折射率来检验纯度。

附表 1-2　苯乙烯沸点与压力关系

沸点/℃	44	60	69	76	79	82	102	125	142	145.2
压力/kPa	2.94	5.34	8.00	11.9	12.0	13.3	26.7	53.4	93.4	101.4

2. 甲基丙烯酸甲酯的精制

甲基丙烯酸甲酯是无色透明的液体，在标准大气压下，其沸点为 100.3～100.6℃（见附表 1-3），熔点 −48.2℃，纯晶密度（d_4^{20}）0.937，折射率（n_D^{20}）1.4038，微溶于水，易溶于乙醇和乙醚等有机溶剂。商品甲基丙烯酸甲酯中由于有阻聚剂对苯二酚而呈现黄色。

甲基丙烯酸甲酯在聚合前需将对苯二酚等阻聚剂除去，首先在 500mL 分液漏斗中加入 250mL 甲基丙烯酸甲酯单体，用 5% NaOH 水溶液反复洗至无色（每次用量 40～50mL）。再用去离子水洗至中性，用无水硫酸钠干燥后，进行减压蒸馏，收集（100 毫米汞柱）馏分，测其折射率。

附表 1-3　甲基丙烯酸甲酯沸点与压力关系

沸点/℃	10	20	30	40	50	60	70	80	90	100
压力/kPa	3.20	4.67	7.07	10.8	16.5	25.3	37.2	52.9	72.9	101.4

精制后的甲基丙烯酸甲酯可通过测定其折射率，溴化法或气相色谱法检验其纯度。

3. 醋酸乙烯酯的精制

醋酸乙烯酯为无色透明的液体，在标准大气压下，其沸点 72.5℃（见附表 1-4），凝固点 −100℃，折射率（n_D^{20}）1.3956，相对密度（d_4^{20}）0.9342，在水中溶解度（20℃时）为 2.5%，可与醇混溶。醋酸乙烯多为乙炔气法制备，其中含有乙醛、巴豆醛（ $CH_3—CH=CH—CHO$ ）、

乙烯基乙炔，此外还含有少量酸和水分等杂质，在聚合之前，必须对单体进行提纯。

将200mL的醋酸乙烯酯放在500mL的分液漏斗中，用150mL饱和亚硫酸氢钠溶液洗涤三次（每次用量为50mL），再用150mL饱和碳酸钠溶液洗涤三次（每次用量50mL），然后用去离子水洗涤至中性，最后将醋酸乙烯酯放入干燥的500mL磨口锥形瓶中，用无水硫酸钠干燥，静置过夜。

将洗涤与干燥后的醋酸乙烯酯，在装有韦氏分馏柱和精馏装置上进行精馏。为防止爆沸和自聚，可加入一粒沸石及微量阻聚剂，开始加热蒸馏，并收集7.80~72.50℃之间的馏分，测定其折射率。醋酸乙烯酯的纯度分析可采用溴化法或气相色谱法等。

附表1-4 醋酸乙烯酯沸点与压力关系

沸点/℃	7.80	21.07	32.21	40.05	48.42	55.63	61.32	72.50
压力/kPa	6.17	12.61	21.20	29.42	42.30	54.76	67.95	101.32

4. 丙烯腈的精制

丙烯腈为辛辣气味的无色液体。溶于水、乙醚、乙醇、丙酮、苯和四氯化碳，与水形成共沸物。在有氧存在下，遇光和热能自行聚合。易挥发，有腐蚀性，易燃，遇火种、高温、氧化剂有燃烧爆炸的危险，其蒸气与空气形成爆炸性混合物。丙烯腈为无色透明液体，熔点-82℃，沸点77.3℃，折射率（n_D^{20}）1.3911，相对密度（d_4^{20}）0.8660，常温下在水中的溶解度为7.3%。

取丙烯腈200mL于500mL蒸馏烧瓶中进行常压蒸馏，收集76~78℃馏分，将此馏分用无水氯化钙干燥3h，经过滤后移入装有分馏柱的蒸馏烧瓶中，加几滴高锰酸钾溶液进行分馏，收集77~77.5℃的馏分，测其折射率，将精制后无色透明液体密封，保存在阴凉避光处。用于离子聚合的丙烯腈，使用前还需要用新活化的4A分子筛干燥2h以上。

因丙烯腈有剧毒，空气中的容许浓度为20ppm（1ppm=1mg/L，下同），所有操作应在通风橱内进行，操作时严格注意，绝不能进入口内和接触皮肤，因此仪器装置要严密，尾气要排出室外，残液用大量水冲洗。

5. 丙烯酰胺的精制

丙烯酰胺是一种不饱和酰胺，其单体为无色透明片状结晶，能溶于水、乙醇、乙醚、丙酮、三氯甲烷，不溶于苯及庚烷中，在酸碱环境中可水解成丙烯酸。丙烯酰胺单体在室温下很稳定，但当处于熔点或以上温度、氧化条件以及在紫外线的作用下很容易发生聚合反应。当加热使其溶解时，丙烯酰胺释放出强烈的腐蚀性气体和氮的氧化物类化合物。沸点125℃（3325Pa），熔点84~85℃，相对密度（d_4^{20}）1.122。

将55g丙烯酰胺于40℃溶解于20mL蒸馏水中，立即用保温漏斗过滤，滤液冷却至室温时，有结晶析出。用布氏漏斗抽滤，母液中加入6g($NH_4)_2SO_4$，充分搅拌后，置于低温水浴或冰箱中冷却至-5℃左右。待结晶完全后，再取出迅速抽滤。合并两部分结晶，自然晾干后于20~30℃下真空干燥24h以上即可。

6. 环氧丙烷的精制

环氧丙烷又名氧化丙烯、甲基环氧乙烷，在常温常压下为无色透明低沸易燃液体，具有类似醚类气味，工业产品为两种旋光异构体的外消旋混合物。环氧丙烷与水部分混溶，与乙醇、乙醚混溶，与戊烷、戊烯、环戊烷、环戊烯、二氯甲烷形成二元共沸混合物。凝固点-112.13℃，沸点34.24℃，相对密度（d_4^{20}）0.859，折射率（n_D^{20}）1.3664。

环氧丙烷的纯化方法为：将环氧丙烷放入蒸馏烧瓶中，加入适量 CaH_2，磁力搅拌 $2\sim 3h$，在 CaH_2 存在下蒸馏，再用 500℃下新活化的 4A 分子筛干燥即可。

附录 3　常用有机溶剂的精制

1. 环己烷（C_6H_{12}）

环己烷可直接由石油馏分中回收或苯的氢化得到，为一种无色液体，有汽油气味。沸点 80.7℃，熔点 6.5℃，折射率（n_D^{20}）1.4262，相对密度（d_4^{20}）0.7785。易挥发，易燃烧，蒸气与空气可形成爆炸混合物，爆炸极限 1.3%～1.8%（体积分数）。不溶于水，当温度高于 57℃时，能与无水乙醇、甲醇、苯、醚、丙酮等混溶，环己烷中含有杂质，主要是苯。作为一般溶剂用，并不需要特殊处理，若要除去苯，可用冷的浓硫酸与浓硝酸的混合液洗涤数次，使苯硝化后溶于酸层而除去，然后用水洗至中性。

作为离子型溶液聚合用的溶剂，需要将环己烷中的水脱净，可用活化好的 4A 或 5A 分子筛先浸泡二周，再加入钠丝以除去最后残存的微量水分，处理好的环己烷在高纯氮保护下保存，用前用高纯氮吹 10min（测水分含量应<5ppm）。

2. 正己烷（C_6H_{14}）

正己烷可直接由石油馏分中得到。沸点 68.7℃，折射率（n_D^{20}）1.3748，相对密度（d_4^{20}）0.6593。为无色极易挥发性液体，能与醇、醚和三氯甲烷混合，不溶于水，在 60～70℃沸程的石油醚中，主要为正己烷，因此在许多方面可以用该沸程的石油醚代替正己烷溶剂。

目前市售三级纯含量为 95%，先用浓硫酸洗涤数次，然后以 0.1mol/L 高锰酸钾的 10%硫酸溶液洗涤，再以 0.1mol/L 高锰酸钾的 10%氢氧化钠溶液洗涤，最后用水洗涤，干燥蒸馏。

3. 乙醚（$CH_3CH_2OCH_2CH_3$）

乙醚为具有特殊气味的无色液体，极易挥发，极易燃。与 10 倍体积的氧混合成的混合气体，遇火或电火花即可发生剧烈爆炸，生成二氧化碳和水蒸气。长时间与氧接触和光照，可生成过氧化乙醚，后者为难挥发的黏稠液体，加热可爆炸，为避免生成过氧化物，常在乙醚中加入抗氧剂，如二乙氨基二硫代甲酸钠。与三氟化硼作用形成乙醚化的三氟化硼，在烃基化、酰化、聚合、失水、缩合等反应中用作催化剂。沸点 34.5℃，凝固点 -116.2℃，相对密度（d_4^{20}）0.7138，折射率（n_D^{20}）1.3527。

乙醚的纯化方法为：向装有 500mL 普通乙醚的 1L 分液漏斗内，加入 50mL 10% 的新配制的亚硫酸氢钠溶液，或加入 10mL 硫酸亚铁溶液（向 100mL 蒸馏水中慢慢加入 6mL 浓硫酸，再加入 60g 硫酸亚铁溶解即得）和 100mL 水充分振摇，然后分出醚层，用饱和 NaCl 溶液洗涤两次，再用无水氯化钙干燥数天，过滤，蒸馏，再加入钠丝干燥。

4. 丙酮（CH_3COCH_3）

丙酮也称作二甲基酮，是饱和脂肪酮系列中最简单的酮，为无色液体，有特殊气味。能溶解醋酸纤维和硝酸纤维等，能溶于水、乙醇、乙醚及其它有机溶剂中。蒸气与空气混合可形成爆炸性混合物，爆炸极限 2.55%～12.8%（体积分数）。熔点 -95℃，沸点 56.3℃，相对密度（d_4^{20}）0.7890，折射率（n_D^{20}）1.3586。

目前市售试剂级丙酮纯度较高，含水量不超过 0.5%，一般直接用 4A 分子筛，或用无水硫酸钙或碳酸钾干燥即可。若要含水量低于 0.05%，可将上述干燥的丙酮再用五氧化二磷干燥，蒸馏即得。如果丙酮中含有醛或其它还原性的物质，可逐次加入少量的高锰酸钾回流直到紫色不褪，再用无水硫酸钾或碳酸钾干燥后蒸馏。

5. 抽余油

抽余油泛指工业上采用溶剂萃取方法得到的剩余物料。在石油炼制过程中，抽余油一般指富含芳烃的催化重整产物（重整汽油）经萃取（抽提）芳烃后剩余的馏分油，其主要成分为 C—C 的烷烃及一定量的环烷烃。将芳烃抽取掉剩余下的汽油馏分（沸程为 60～140℃），再经分割成 65～90℃的馏分，在我国用来作顺丁橡胶生产的聚合溶剂，这种抽余油为无色透明液体，不溶于水，相对密度（d_4^{20}）0.67～0.65，溶解度参数（δ）约为 7.25。

除去抽余油中水分的方法是将新蒸馏的抽余油用活化好的 4A 分子筛浸泡 1～2 周，再加入钠丝，在高纯氮保护下保存，用前再用高纯氮吹 10min（测水分含量应<20ppm）。

6. 苯（C_6H_6）

苯在常温下为一种无色、有甜味的透明液体，并具有强烈的芳香气味，是组成结构最简单的芳香烃。苯可燃，有毒，能致癌，其蒸气与空气可以形成爆炸混合物，爆炸极限1.5%～8.0%（体积分数）。难溶于水，易溶于乙醚、乙醇等多种有机溶剂。沸点 80.1℃，熔点 5.5℃，折射率 $n_D^{20}=1.5011$，相对密度 $d_4^{20}=0.8790$。不溶于水，可溶于有机溶剂。

普通苯常含有噻吩（沸点 84℃），不能用分馏或分级结晶的方法分开。由于噻吩比苯易磺化，将普通苯用相当于其体积 10 倍的浓硫酸反复振摇，至酸呈无色或微黄色，或检验至无噻吩存在为止，然后分出苯层，用水、10%碳酸钠溶液、水依次洗涤至中性，以无水氯化钙干燥，分馏即得精制苯。若需要绝对无水，再压入钠丝干燥，并在高纯氮保护下密闭保存。检验噻吩的方法：取 3mL 苯，用 10mg 靛红与 10mL 浓硫酸配成的溶液振摇后静置片刻，若有噻吩存在，则溶液显浅蓝绿色。

7. 甲苯（$C_6H_5CH_3$）

甲苯是汽油的一个组成成分，可由分馏煤焦油的轻油部分或由催化重整汽油馏分而制得。甲苯是一种无色、带特殊芳香味的易挥发液体，是芳香族碳氢化合物的一员，它的很多性质与苯很相像，在现今实际应用中常常替代有相当毒性的苯作为有机溶剂使用。沸点110.6℃，折射率（n_D^{20}）1.4969，相对密度（d_4^{20}）0.669。

甲苯中含有甲苯噻吩（沸点 112～113℃），处理方法与苯同，由于甲苯比苯容易磺化，用浓硫酸洗涤时温度控制在 30℃以下。

8. 四氢呋喃（THF）

四氢呋喃是一类杂环有机化合物，为无色透明液体，有毒，有类似乙醚的气味，能溶于水、乙醇、乙醚、脂肪烃、芳香烃、氯化烃、丙酮、苯等有机溶剂。其蒸气与空气可形成爆炸性混合物，爆炸极限 1.2%～7.0%（体积分数）。遇明火、高热、强氧化剂极易引起燃烧爆炸，与氧化剂能发生强烈反应。未加稳定剂时，接触空气或在光照条件下可生成具有潜在爆炸危险性的过氧化物。它是最强的极性醚类之一，在化学反应和萃取时用做一种中等极性的溶剂。沸点 66℃，折射率（n_D^{20}）1.4071，相对密度（d_4^{20}）0.8892。

目前市售三级纯含量为 95%，通常是用固体氢氧化钾干燥数天，过滤，加少许氢化铝锂，或直接在搅拌下分次少量加入氢化铝锂，直到不发生氢气为止，在搅拌下蒸馏（蒸馏时不宜蒸干，应剩下少许于蒸馏瓶内），压入钠丝保存。对于离子型聚合，如对纯度要求更高，可将上述精制的 THF 从活性聚苯乙烯中蒸出，高纯氮保护下压入钠丝保存。

9. 三氯甲烷（CHCl$_3$）

三氯甲烷又称氯仿，常温下为无色透明的重质液体，极易挥发，味辛甜而有特殊芳香气味。可由乙醇、乙醛或丙酮与漂白粉作用而制得。沸点 61.2℃，熔点 －63.5℃，折射率（n_D^{20}）1.4455，相对密度（d_4^{20}）1.4984。

普通三氯甲烷含有约 1％乙醇作为稳定剂，纯化时依次用相当于其体积 5％的浓硫酸、水、稀氢氧化钠溶液和水洗涤，再以无水氯化钙干燥，经蒸馏即可。不含有乙醇的三氯甲烷，应装于棕色瓶储存于阴凉处，避免光化作用产生光气，三氯甲烷不能用金属钠干燥，以免发生爆炸。

10. 四氯化碳（CCl$_4$）

四氯化碳为无色澄清的液体，工业上有时因含杂质呈微黄色，具有芳香气味，易挥发。四氯化碳的蒸气较空气重约 5 倍，且不会燃烧。四氯化碳的蒸气有毒，它的麻醉性较三氯甲烷为低，但毒性较高，吸入人体 2～4mL 就可使人死亡。四氯化碳在水中的溶解度很小，且遇湿气及光即逐渐分解生成盐酸。易溶于各种有机溶剂，能与醇、醚、三氯甲烷、苯等任意混合。对于脂肪、油类及多种有机化合物为一极优良的溶剂。沸点 76.8℃，熔点 －22.8℃，折射率（n_D^{20}）1.4603，相对密度（d_4^{20}）1.6037。

目前四氯化碳主要用二硫化碳经氯化制得，因此普通四氯化碳中含有二硫化碳（含量约为 4％），纯化时将 1mL 四氯化碳与相当于含有的二硫化碳量的 1.5 倍的氢氧化钾液于等量的水中，再加 100mL 醇，剧烈振摇半小时（温度 50～60℃）。必要时可减半量重复振摇一次，然后分出四氯化碳，先用水洗，再用少量浓硫酸洗至无色，最后再以水洗，用无水氯化钙干燥，蒸馏即得。四氯化碳不能用金属钠干燥，以免发生爆炸。

11. 二硫化碳（CS$_2$）

二硫化碳为无色液体，实验室用的纯的二硫化碳有类似三氯甲烷的芳香甜味，但是通常不纯的工业品因为混有其它硫化物（如羰基硫、硫化氢、硫黄等）而变为微黄色，并且有令人不愉快的恶臭味。易燃烧，有毒，几乎不溶于水，可溶于乙醇、醚、苯、四氯化碳等，可溶解硫单质。沸点 46.3℃，折射率（n_D^{20}）1.6279，相对密度（d_4^{20}）1.2700。

二硫化碳纯化时先用 0.5％高锰酸钾水溶液洗涤三次，除去硫化氢，再加汞振摇，除去硫，然后用冷硫酸汞饱和溶液洗涤，除去恶臭，最后用无水氯化钙干燥，蒸馏即得。

附录 4　聚合物的分离和提纯

聚合物一般又称高分子化合物，分子量大，且具有多分散性和不挥发性，因此必须用某些特殊的方法来纯化。聚合物的提纯是指将其中所含的杂质除去，对某一聚合物来说，杂质可以是引发剂及其分解产物，单体的分解物，反应的副产物，以及其它各种添加剂（乳化剂、分散剂等），也可以是同分异构的聚合物或所用原料的聚合物。分离是从聚合物溶液中除去不溶的杂质，或者从它的反应中除去不溶的大分子；提纯即分离出纯的高聚物。根据所除去杂质的性质，可采用不同的精制方法，一般采用洗涤法、萃取法和重沉淀法。

1. 洗涤法

洗涤法是将聚合物在溶剂中反复洗涤以去除可溶性杂质。此法对于疏松粉末效果较好，但是对颗粒大的聚合物效果并不理想，洗不净里面的杂质，所以一般用洗涤法作为辅助步骤，即当萃取或沉淀之后，再进一步洗涤干净。常用的清洗剂有水和有机溶剂，如用水洗涤去除水溶性无机物或有机物，用碱水溶液洗去低分子有机酸，或用有机溶剂去除一般有机物。

2. 萃取法

萃取聚合物中的杂质一般多在 Soxhlet 萃取提取器中进行，此法是精制高聚物的重要方法。被萃取的聚合物样品放入滤纸筒内，将其置于提取器中，其上端低于虹吸管的最高处约 5mm。在 Soxhlet 萃取提取器下端的烧瓶中加入适当的溶剂，加入量为烧瓶容积的 2/3，加热烧瓶使溶剂沸腾（视溶剂沸点采用水浴或油浴加热），维持正常的沸腾使提取器每小时被溶剂充满 10~12 次，经过一定的时间可溶组分就完全被萃取于烧瓶内，再用适当的方法蒸出溶剂而达到精制的目的。

3. 重沉淀法

重沉淀法是精制聚合物最老的方法，也是应用最广泛的方法。将聚合物溶于良性溶剂中，过滤去除不溶性杂质及机械杂质后，加入对聚合物不溶而对溶剂能混溶的沉淀剂，以使聚合物再沉淀出来，即重沉淀法。沉淀剂用量一般为溶剂的 5~10 倍，搅拌条件下在沉淀剂中分批少量加入高聚物，以便得到疏松沉淀物以利精制的进行。沉淀结束后，溶剂和沉淀剂可用真空干燥法除去。

聚合物溶液的浓度、混合速度、混合方式、沉淀时的温度等，对所分离出的聚合物的外观影响很大，如果聚合物溶液浓度过高，则溶剂的沉淀剂的混合性较差，沉淀物成为橡胶状。而浓度过低时，聚合物又成为细粉状，分离困难，为此需选择适宜的聚合物浓度。同时，沉淀过程中应注意搅拌。

4. 主要聚合物的精制方法

（1）聚苯乙烯的精制　聚苯乙烯的溶剂很多，如苯、甲苯、丁酮、氯仿等，沉淀剂常用甲醇或乙醇等。

将聚苯乙烯 3g 溶于 200mL 甲苯中，离心除去不溶性杂质，用玻璃棒搅拌下慢慢将聚合物溶液滴加到 1L 甲醇中，聚苯乙烯即以粉状沉淀析出。放置过夜，倾出上层清液，抽滤，产物于室温 1~3mm 汞柱真空干燥 24h。若用甲乙酮、乙酸乙酯或氯仿作为溶剂，甲醇或乙醇作沉淀剂，也可以达到精制目的。

（2）聚甲基丙烯酸甲酯的精制　通常聚甲基丙烯酸甲酯采用的溶剂-沉淀剂为：苯-甲醇，三氯甲烷-石油醚，甲苯-二硫化碳，丙酮-甲醇，三氯甲烷-乙醚。甲基丙烯酸甲酯本体或溶液聚合的产物，常常直接注入到甲醇中，使聚合物沉淀出来。或者先把聚合物配成 2% 的苯溶液，再加入到过量的甲醇中，使其沉淀，最后将沉淀物在 100℃ 下真空干燥，重复沉淀三次则可到纯净的聚合物。

（3）聚醋酸乙烯酯的精制　聚醋酸乙烯酯的软化点低，黏性大，又对引发剂（或分解后的生成物）及溶剂的溶解度很大，所以很难提取，在精制醋酸乙烯酯时常用丙酮或甲醇的聚合物溶液，加入到大量的水中沉淀，或将聚合物的乙醚或甲醇溶液加到二硫化碳或环己烷中沉淀等。

对于溶液聚合物，当转化率不大时（50% 以下），可以在加入阻聚剂丙酮溶液后，倒在石油醚中，更换两次石油醚以后，放入沸水中煮。当转化率更高时，则可以直接放在冷水中浸泡一天，然后在沸水中煮，或用丙酮溶解，将其溶液加到水中沉淀。也可采用在反应完毕后将聚合物用冰冷却，然后减压抽去单体及溶剂，残余物再溶解，进行沉淀处理。

附录5　常用单体的物理常数

单体名称	相对分子质量	密度(20℃)/(g/mL)	熔点(m. p.)/℃	沸点(b. p.)/℃	折射率(20℃)
乙烯	28.05	0.384(−10℃)	−169.2	−103.7	1.363(−110℃)
丙烯	42.07	0.5193	−185.2	−47.8	1.363(−110℃)
异丁烯	56.11	0.5951(20℃)	−185.4	−6.3	1.3962(−20℃)
丁二烯	54.09	0.6244	−108.9	−4.4	1.4292(−25℃)
异戊二烯	68.12	0.6810	−146	34	1.4220
氯乙烯	62.50	0.9918	−153.79	−13.37	1.380
丙烯腈	53.06	0.8060	−83.8	77.3	1.3911
丙烯酰胺	71.08	1.122(30℃)	−84.8	125(3.33kPa)	
丙烯酸甲酯	86.09	0.9535	−70℃	80	1.3984
醋酸乙烯酯	86.09	0.9317	−93.2	72.5	1.3959
甲基丙烯酸甲酯	100.12	0.9440	−48	100.5	1.4142
己内酰胺	113.16	1.02	70	139/(1.67kPa)	1.4784
己二胺	116.2		39~40	100(2.67kPa)	
己二酸	146.14	1366	153	265(13.3kPa)	
顺丁烯二酸酐	98.06	1.48	52.8	200	
邻苯二甲酸酐	148.12	1.527(4℃)	130.8	284.5	
对苯二甲酸二甲酯	194.19	1.283	140.6	288	
乙二醇	62.07	1.1088	−12.3	197.5	1.4318
双酚 A	228.29	1.195	153.5	250(1.73kPa)	
环氧氯丙烷	37.49	1.1807	−57.2	116.2	1.4318
重氮乙酸乙酯	113.12	1.062	−22.5	208	
苯乙烯	104.15	0.9060	−30.6	145	1.5468
丙烯酸正丁酯	128.17	0.898		145	1.4185
甲基丙烯酸正丁酯	142.20	0.894		160~163	1.423
丙烯酸羟乙酯	116.12	1.10		92(1.6kPa)	1.45
甲基丙烯酸羟乙酯	130.14	1.196		135~137(9.33kPa)	
2-乙烯基吡啶	105.14	0.975		48~50(1.46kPa)	1.549
4-乙烯基吡啶	104.14	0.976		62~65(3.3kPa)	1.55
乙烯基吡咯烷酮	113.16	1.25			1.53
环氧丙烷	58	0.830		34	
四氢呋喃	72.11	0.8818		66	1.407
癸二酸	202.3	1.2705	134.5	185~195(4kPa)	
甲苯-2,4-二异氰酸酯	174.16	1.22	20~21	251	

附录6 常用单体及聚合物的折光指数和密度

单体名称	折射率 n_D^{20}		密度(25℃)/(g/mL)		体积收缩/%
	单体	聚合物	单体	聚合物	
氯乙烯	1.380	1.545	0.919	1.406	34.4
丙烯腈	1.3888	1.518	0.800	1.170	31.0
偏二氯乙烯	1.4249	1.654	0.213	1.710	28.6
甲基丙烯腈	1.401	1.520	0.800	1.100	27.0
丙烯酸甲酯	1.4201	1.4725	0.952	1.223	22.1
醋酸乙烯	1.3956	1.4667	0.934	1.191	21.6
甲基丙烯酸甲酯	1.4147	1.492	0.940	1.179	20.6
苯乙烯	1.5458	1.5935	0.905	1.062	14.5
丁二烯	1.4292(−25℃)	1.5149	0.6276	0.906	44.4
异戊二烯	1.4220	1.5191	0.6805	0.906	33.2

附录7 常用冷却剂的配制方法

配　制　方　法	冷却温度/℃
冰＋水	0
冰(100份)＋氯化铵(25份)	−15
冰(100份)＋硝酸钠(50份)	−18
冰(100份)＋氯化钠(33份)	−21
冰(100份)＋氯化钠(40份)＋氯化铵(20份)	−25
冰(100份)＋$CaCl_2 \cdot 6H_2O$(100份)	−29
冰(100份)＋氯化钠(13份)＋硝酸钠(37.5份)	−30.7
冰(100份)＋碳酸钾(33份)	−46
冰(100份)＋$CaCl_2 \cdot 6H_2O$(143份)	−55
干冰＋乙醇	−78
干冰＋丙酮	−78
液氨	−196(沸点)

附录8 常用加热介质的沸点

名称	沸点/℃	名称	沸点/℃
水	100	乙二醇	197
甲苯	111	间甲酚	202
正丁醇	117	四氢化萘	206
氯苯	133	萘	218
间二甲苯	139	正癸醇	231
环己酮	156	甲基萘	242

续表

名称	沸点/℃	名称	沸点/℃
乙基苯基醚	160	一缩二乙二醇	245
对异丙基甲苯	176	联苯	255
邻二氯苯	179	二苯基甲烷	265
苯酚	181	甲基萘基醚	275
十氢化萘	190	蒽醌	380
邻苯二甲酸异辛酯	370	蒽	340
六氯苯	310	邻联三苯	330
对羟基联苯	308	二苯酮	305
邻羟基联苯	285	邻苯二甲酸二甲酯	283
二缩三乙二醇	282		

附录 9　常用干燥剂的性质

干燥剂名称	酸碱性质	与水作用产物	特点及使用注意事项
P_2O_5	酸性	HPO_3 $H_4P_2O_7$ H_2PO_4	参见 H_2SO_4，适于醚类，芳香卤化物及芳羟脱水效率高
CaH_2	碱性	$H_2+Ca(OH)_2$	效率高作用慢，适用于碱性，中性，弱酸性化合物，不能用于对碱敏感的化合物
Na	碱性	H_2+NaOH	效率高，作用慢，不可用于对其敏感的化合物，应注意，过量干燥剂的分解和安全
CaO 或 BaO	碱性	$Ca(OH)_2$ $Ca(OH)_2$	效率高，作用慢，适用醇及胺，不适于对碱敏感的化合物
KOH 或 NaOH	碱性	溶液	快速有效，几乎限于干燥胺类
$CaSO_4$	中	$CaSO_4 \cdot \frac{1}{2}H_2O$ $CuSO_4 \cdot H_2O$	作用快，效率高，脱水量小，$CaSO_4 \cdot \frac{1}{2}H_2O$ 加热 2～3h 即可失水
$CuSO_4$	中	$CaSO_4 \cdot 3H_2O$ $CaSO_4 \cdot 5H_2O$	效率高，但价格较贵
K_2CO_2	碱性	$K_2CO_3 \cdot 1\frac{1}{2}H_2O$ $K_2CO_3 \cdot 2H_2O$	脱水量及效率一般，适用于酯类，腈类和酮类，但不可用于酸性有机物
H_2SO_4	酸性	$H_3O+HSO_4^-$	适用于烷基卤化物和脂肪烃，但不可用于即使是烯或醚等弱碱性物质，脱水效率高
3A 或 4A 分子筛	中	能牢固吸着水分	快速高效，需经初步干燥，3A 及 4A 分子筛允许水分及其它小分子加氢进入，水由于水化而被牢固吸着，分子筛可在常压或减压下 300～320℃ 加热活化
$CaCl_2$	中	$CaCl_2 \cdot H_2O$ $CaCl_2 \cdot 2H_2O$ $CaCl_2 \cdot 6H_2O$	脱水量大，作用快，效率不高，易分离，不可用来干燥醇类，胺类（因其生成化合物）或酚、酯类［因常含有 $Ca(OH_3)$ 氯化钙六合物在 30℃上脱水］
Na_2SO_4	中	$Na_2SO_4 \cdot 7H_2O$ $Na_2SO_4 \cdot 10H_2O$	脱水量大，价格便宜，使用慢，效率低，需过滤分离，十水合物在 33℃以上失水
$MgSO_4$	中	$MgSO_4 \cdot H_2O$ $MgSO_4 \cdot 7H_2O$	比 Na_2SO_4 作用快、效率高，为良好的干燥剂，$MgSO_4 \cdot 7H_2O$ 在 48℃以上失水

附录 10　聚合物分级用的溶剂和沉淀剂

聚合物	溶　剂	沉淀剂
聚己内酰胺	含水苯酚	苯酚
	甲酚	环己烷
	甲酚-苯	汽油
尼龙 66	甲酸	水
	甲酚	甲醇
聚乙烯	甲苯	正丙醇
	二甲苯	丙二醇
	二甲苯	正丙醇
	α-氯代萘	邻苯二甲酸二丁酯
聚氯乙烯	环己烷	丙醇
	硝基苯	甲醇
	四氢呋喃	水
	环己酮	正丁醇
聚苯乙烯	苯	乙醇
	苯	丁醇
	丁酮	正丁醇
	三氯化碳	甲醇
聚乙烯醇	水	含水丙酮
	乙醇	苯
聚丙烯腈	羟乙腈	苯-乙醇
	二甲基甲酰胺	庚烷
	二甲基甲酰胺	庚烷-乙醚
	二甲基甲酰胺	正庚烷
聚三氟氯乙烯	1-三氟甲基-2,5-氯代苯	邻苯二甲酸二乙酯
聚乙酸乙烯酯	丙酮	水
	苯	石油醚
聚甲基丙烯酸甲酯	丙酮	水
丁苯橡胶	苯	甲醇
硝化纤维素	丙酮	水
	丙酮	石油醚
	乙酸乙酯	正庚烷
醋酸纤维素	丙酮	乙醇
	丙酮	水
	丙酮	乙酸丁酯
乙基纤维素	乙酸甲酯	丙酮-水(1:3)
	苯-甲醇	庚烷

附录 11　自由基共聚的竞聚率

单体 1	单体 2	r_1	r_2	$r_1 r_2$	$T/℃$
苯乙烯	乙基乙烯基醚	80 ± 40	0	0	80
	异戊二烯	1.38 ± 0.54	2.05 ± 0.45	2.83	50
	乙酸乙烯酯	55 ± 10	0.01 ± 0.01	0.55	60
	氯乙烯	17 ± 3	0.02	0.34	60
	偏二氯乙烯	1.85 ± 0.05	0.085 ± 0.01	0.157	60
丁二烯	丙烯腈	0.3	0.02	0.006	40
	苯乙烯	1.35 ± 0.12	0.58 ± 0.15	0.78	50
	氯乙烯	8.8	0.035	0.31	50
丙烯腈	丙烯酸	0.35	1.15	0.401	50
	苯乙烯	0.04 ± 0.04	0.40 ± 0.05	0.016	60
	异丁烯	0.02 ± 0.026	1.8 ± 0.2	0.036	50
甲基丙烯酸甲酯	苯乙烯	0.46 ± 0.026	0.52 ± 0.026	0.24	80
	丙烯腈	1.224 ± 0.10	0.150 ± 0.08	0.184	80
	氯乙烯	10	0.10	1.0	68
氯乙烯	偏二氟乙烯	0.3	3.2	0.96	60
	乙酸乙烯酯	1.68 ± 0.08	0.23 ± 0.02	0.39	60
四氟乙烯	三氟氯乙烯	1.0	1.0	1.0	60
	苯乙烯	0.015	0.040	0.006	50

附录 12　常见聚合物名称和英文缩写

聚　合　物	英文缩写	聚　合　物	英文缩写
低密度聚乙烯	LDPE	聚甲醛	POM
高密度聚乙烯	HDPE	聚砜	PSF
聚丙烯	PP	聚异戊二烯	PIP
聚苯乙烯	PS	聚丙烯酰胺	PAM
聚氯乙烯	PVC	聚甲基丙烯酸甲酯	PMMA
聚四氟乙烯	PTFE	聚丙烯酸甲酯	PMA
聚乙烯醇	PVA	聚醋酸乙烯酯	PVAC
聚丁二烯	PBu	聚对苯二甲酸乙二醇酯	PET
聚丙烯腈	PAN	聚对苯二甲酰对苯二胺	PPTA
聚丙烯酸	PAA	聚对苯苯并二噻唑	PBZT
聚异丁烯	PIB	聚对苯苯并二噁唑	PBZO

附录 13 聚合物的玻璃化温度 (T_g)

聚合物	T_g/℃	聚合物	T_g/℃
线形聚乙烯	−68	聚丙烯酸甲酯	3
全同聚乙烯	−10	聚丙烯酸	106
无规聚丙烯	−20	无规聚甲基丙烯酸甲酯	105
顺式聚异戊二烯	−73	间同聚甲基丙烯酸甲酯	115
反式聚异戊二烯	−60	全同聚甲基丙烯酸甲酯	45
聚乙烯咔唑	208	聚甲基丙烯酸乙酯	65
聚甲醛	−83	聚甲基丙烯酸正丙酯	35
聚氧化乙烯	−66	聚甲基丙烯酸正丁酯	21
聚 1-丁烯	−25	聚甲基丙烯酸正己酯	−5
聚 1-戊烯	−40	聚甲基丙烯酸正辛酯	−20
聚 1-己烯	−50	聚氯乙烯	87
聚 1-辛烯	−65	聚氟乙烯	40
聚二甲基硅氧烷	−123	聚碳酸酯	150
聚苯乙烯	100	聚对苯二甲酸乙二酯	69
聚 α-甲基苯乙烯	192	聚对苯二甲酸丁二酯	40
聚邻甲基苯乙烯	119	尼龙 6	50
聚间甲基苯乙烯	72	尼龙 66	50
聚对甲基苯乙烯	110	尼龙 610	40
聚己二酸乙二酯	−70	聚苯醚	220
聚辛二酸丁二酯	−57	聚萘烯	264

附录 14 结晶性聚合物的密度

聚合物	ρ_c/(g/cm^3)	ρ_a/(g/cm^3)
高密度聚乙烯	1.00	0.85
聚丙烯	0.95	0.85
聚苯乙烯	1.13	1.05
聚甲醛	1.54	1.25
聚四氟乙烯	2.35	2.00
尼龙 6	1.23	1.08
尼龙 66	1.24	1.07
尼龙 610	1.19	1.04
聚对苯二甲酸乙二酯	1.46	1.33
聚碳酸酯	1.31	1.20
聚甲基丙烯酸甲酯	1.23	1.17
聚乙烯醇	1.35	1.26
聚偏氟乙烯	2.00	1.74
聚乙炔	1.15	1.00
聚异丁烯	0.94	0.86

附录 15　常用配置密度梯度管的轻液和重液

轻液-重液	密度范围/(g/cm²)	轻液-重液	密度范围/(g/cm²)
甲醇-苯甲醇	0.80～0.92	水-溴化钠水溶液	1.00～1.41
异丙醇-水	0.79～1.00	水-硝酸钙水溶液	1.00～1.60
乙醇-水	0.79～1.00	四氯化碳-二溴丙烷	1.59～1.99
异丙醇-缩乙二醇	0.79～1.11	二溴丙烷-二溴乙烷	1.99～2.18
乙醇-四氯化碳	0.79～1.59	二溴丙烷-溴仿	2.18～2.29
甲苯-四氯化碳	0.87～1.59		

附录 16　结晶聚合物的熔点（T_m）

聚 合 物	T_m/℃	聚 合 物	T_m/℃
聚乙烯	146	聚四氟乙烯	327
聚丙烯(等规)	200	聚氧化乙烯	80
聚 1-丁烯(等规)	138	聚四氢呋喃	57
聚 1-戊烯(等规)	130	聚己二酸癸二酯	79.5
顺式聚 1,4-异戊二烯	28	聚癸二酸乙二酯	76
反式聚 1,4-异戊二烯	74	聚癸二酸癸二酯	80
顺式聚 1,4-丁二烯	11.5	聚 ε-己内酯	64
反式聚 1,4-丁二烯	142	聚 β-丙内酯	−5
聚苯乙烯(等规)	243	聚己内酰胺	270
聚氯乙烯(等规)	212	聚己二酰己二胺	280
聚偏氯乙烯	198	聚辛内酰胺	218
聚偏氟乙烯	210	聚癸二酰癸二胺	216
聚四氯乙烯	327	聚对苯二甲酸乙二酯	280
聚苯乙烯	100	聚对苯二甲酸丁二酯	230
聚异丁烯	128	聚对苯二甲酸癸二酯	138
聚甲醛	180	聚双酚 A 碳酸酯	295

附录 17　纤维性能

纤维材料	抗拉模量/GPa	抗拉强度/GPa	密度/(g/cm³)
钢	200	2.8	7.8
铝合金	71	0.6	2.7
钛合金	106	1.2	4.5

纤维材料	抗拉模量/GPa	抗拉强度/GPa	密度/(g/cm³)
氧化铝	350～380	1.7	3.7
碳化硅	200	2.8	2.8
芳香聚酰胺 Kevlar 49	125	3.5	1.45
芳香聚酰胺 Kevlar 49	185	3.4	1.47
聚对苯基苯并二噻唑	325	4.1	1.58
聚对苯基苯并二噁唑	360	5.7	1.58
伸直链聚乙烯纤维1000	172	3.0	1.0
芳香族共聚聚酰胺	70	3.0	1.39
尼龙	6	1.0	1.14
纺织用聚对苯二甲酸乙二醇酯	12	1.2	1.39

附录18　高分子-溶剂分子相互作用参数 (χ_1)

高分子	溶剂	温度/℃	χ_1
聚异丁烯	苯	27	0.50
	环己烷	27	0.44
聚苯乙烯	甲苯	27	0.44
	月桂酸乙酯	25	0.47
聚氯乙烯	四氢呋喃	27	0.14
	二氧六环	27	0.52
	磷酸三丁酯	53	−0.65
		76	−0.53
	硝基苯	53	0.29
		76	0.29
	硝基甲烷	53	0.44
		76	0.42
	丙酮	27	0.63
		53	0.60
	丁酮	53	1.74
		76	1.58
天然橡胶	苯	25	0.44
	四氯化碳	15～20	0.28
	氯仿	15～20	0.37
	二硫化碳	25	0.49
	乙酸戊酯	25	0.49

附录 19　聚合物的 θ 溶剂和 θ 温度

聚合物	θ 溶剂		θ 溶剂/℃
	溶剂	组成	
聚乙烯	二苯醚		161.4
聚异丁烯	苯		24
	四氯化碳-丁酮	66.4/33.6	25
	环己烷-丁酮	63.2/36.8	25
聚丙烯 （无规立构）	醋酸异戊酯		34
	环己酮		92
	四氯化碳-正丁醇	67/33	25
（全同立构）	二苯醚		145
聚苯乙烯 （无规立构）	苯-正己烷	39/61	20
	丁酮-甲醇	89/11	25
	环己烷		35
聚醋酸乙烯酯 （无规立构）	丁酮-异丙醇	73.2/26.8	25
	3-庚酮		29
聚氯乙烯	苯甲醇		155.4
聚丙烯腈 （无规立构）	二甲基甲酰胺		29.2
聚甲基丙烯酸甲酯 （无规立构）	苯-正己烷	70/30	20
	丙酮-乙醇	47.7/52.3	25
	丁酮-异丙醇	50/50	25
（间同立构）	正丙醇		85.2
（94%全同立构）	丁酮-异丙醇	55/45	25
聚丁二烯 （90%顺式 1,4）	己烷-庚烷	50/50	5
	3-戊酮		10.6
聚异戊二烯 （天然橡胶） 96%顺式	2-戊酮		14.5
	正庚烷-正丙醇	69.5/30.5	25
聚二甲基硅氧烷	丁酮		20
	甲苯-环己烷	66/34	25
	氯苯		68
聚碳酸酯	氯仿		20

附录 20　一些聚合物的溶剂和非溶剂

聚合物	溶　剂	非溶剂
聚丁二烯	脂肪烃、芳烃、卤代烃、四氢呋喃、高级酮和酯	醇、水、丙酮、硝基烷
聚乙烯	甲苯、二甲苯、十氢化萘、四氢化萘	醇、丙醇、邻苯二甲酸二甲酯
聚丙烯	环己烷、二甲苯、十氢化萘、四氢化萘	醇、丙酮、邻苯二甲酸二甲酯
聚丙烯酸甲酯	丙酮、丁酮、苯、甲苯、四氢呋喃	甲醇、乙醇、水
聚甲基丙烯酸甲酯	丙酮、丁酮、苯、甲苯、四氢呋喃	甲醇、石油醚、水、己烷、环己烷
聚乙烯醇	水、乙二醇（热）、丙三醇（热）	烃、卤代烃、丙酮、丙醇

聚合物	溶 剂	非溶剂
聚氯乙烯	丙酮、环己酮、四氢呋喃	醇、乙烷、氯乙烷、水
聚四氯乙烯	全氟煤油(350℃)	大多数溶剂
聚丙烯腈	N,N-二甲基甲酰胺、乙酸酐	烃、卤代烃、酮、醇
聚丙烯酰胺	水	醇类、四氢呋喃、乙醚
聚苯乙烯	苯、甲苯、氯仿、环己烷、四氢呋喃、苯乙烯	醇、酚、己烷、丙酮
聚氧化乙烯	苯、甲苯、甲醇、乙醇、氯仿、水(冷)、乙腈	水(热)、脂肪烃
聚对苯二甲酸乙二醇酯	苯酚、硝基苯(热)、浓硫酸	酮、醇、醚、烃、卤代烃
聚酰胺	苯酚、硝基苯酚、甲酸、苯甲醇(热)	烃、脂肪醇、酮、醚、酯

附录 21 聚合物特性黏数-分子量关系 $[\eta]=KM^a$ 参数表

聚合物	溶剂	温度/℃	$K \times 10^2/\text{mL} \cdot \text{g}^{-1}$	a	分子量范围 $M \times 10^3$	测定方法
聚乙烯(高压)	十氢萘	70	6.8	0.675	200 以内	O
	二甲苯	105	1.76	0.83	11.2~180	O
聚乙烯(低压)	α-氯萘	125	4.3	0.67	48~950	L
聚丙烯	十氢萘	135	1.00	0.80	100~1 100	L
	四氢萘	135	0.80	0.80	40~650	O
聚异丁烯	环己烷	30	2.76	0.69	37.8~700	O
聚丁二烯	甲苯	30	3.05	0.725	53~490	O
聚异戊二烯	苯	25	5.02	0.67	0.4~1 500	O
聚苯乙烯	苯	20	1.23	0.72	1.2~540	L,S,D
聚苯乙烯(等规)	甲苯	25	1.7	0.69	3.3~1 700	L
聚氯乙烯	环己酮	25	0.204	0.56	19~150	O
聚甲基丙烯酸甲酯	丙酮	20	0.55	0.73	40~8 000	S,D
	苯	20	0.55	0.76	40~8 000	S,D
聚乙酸乙烯酯	丁酮	25	4.2	0.62	17~1 200	O,S,D
聚乙烯醇	水	30	6.62	0.64	30~120	O
聚丙烯腈	二甲基甲酰胺	25	3.92	0.75	28~1 000	O
尼龙 6	甲酸(85%)	20	7.5	0.70	4.5~16	E
尼龙 66	甲酸(90%)	25	11	0.72	6.5~26	E
醋酸纤维素	丙酮	25	1.49	0.82	21~390	O
硝基纤维素	丙酮	25	2.53	0.795	68~224	O
乙基纤维素	乙酸乙酯	25	1.07	0.89	40~140	O
聚二甲基硅氧烷	苯	20	2.00	0.78	33.9~114	L
聚甲醛	二甲基甲酰胺	150	4.4	0.66	89~285	L
聚碳酸酯	氯甲烷	20	1.11	0.82	8~270	S,D
	四氢呋喃	20	3.99	0.70	8~270	S,D
天然橡胶	甲苯	25	5.02	0.67		
聚对苯二甲酸乙二酯	苯酚-四氯化碳(1:1)	25	2.10	0.82	5~25	E
聚环氧乙烷	水	30	1.25	0.78	10~100	S,D

附录 22　能溶解聚合物的非溶剂混合物（δ 为溶度参数）

聚合物	δ	非溶剂1	δ_1	非溶剂2	δ_2
氯丁橡胶	8.20	乙醚	7.62	乙酸乙酯	9.10
氯丁橡胶	8.20	己烷	7.24	丙酮	9.77
丁苯橡胶	8.10	戊环	7.08	乙酸乙酯	9.10
丁腈橡胶	9.40	甲苯	8.91	氰化乙酸乙酯	11.4
丁腈橡胶	9.40	甲苯	8.91	丙二酸二甲酯	10.3
聚丙烯腈	15.4	碳酸二丁酯	12.0	丁二烯亚胺	16.3
聚丙烯腈	15.4	硝基甲烷	12.7	水	23.4
聚氯乙烯	9.54	丙酮	9.77	二硫化碳	9.97
硝基纤维素	10.6	乙醇	12.92	乙醚	7.62

附录 23　水的密度和黏度

温度/℃	密度/kg·m^{-3}	黏度×10^3/Pa·s
20	998.20	1.0050
21	997.99	0.9810
22	997.77	0.9579
23	997.53	0.9358
24	997.29	0.9142
25	997.04	0.8937
26	996.78	0.8737
27	996.51	0.8545
28	996.23	0.8360
29	995.94	0.8180
30	995.64	0.8007
31	995.34	0.7840
32	995.02	0.7679
33	994.70	0.7523
34	994.37	0.7371
35	994.03	0.7225
36	993.68	0.7085
37	993.32	0.6947
38	992.96	0.6814
39	992.59	0.6685
40	992.27	0.6560
41	991.82	0.6439
42	991.43	0.6321
43	991.03	0.6207
44	990.62	0.6097
45	990.20	0.5988

附录 24 1836 稀释型乌氏黏度计毛细管内径与适用溶剂（20℃）

毛细管内径/mm	适用溶剂
0.37	二氯甲烷
0.38	三氯甲烷
0.39	丙酮
0.41	乙酸乙酯,丁酮
0.46	乙酸丁酯/丙酮(1/1)
0.47	四氢呋喃
0.48	正庚烷
0.49	二氯乙烷;甲苯
0.54	氯苯;苯;甲醇;对二甲苯;正辛烷
0.55	乙酸乙酯
0.57	二甲基甲酰胺;水
0.59	二甲基乙酰胺
0.61	环己烷;二氧六环
0.64	乙醇
0.66	硝基苯
0.705	环己酮
0.78	邻氯苯酚;正丁醇
0.80	苯酚/四氯乙烷(1/1)
1.07	96%硫酸;93%硫酸;间甲酚

参 考 文 献

[1] 杜奕. 高分子化学实验与技术 [M]. 北京：清华大学出版社，2008.

[2] 刘承美，邱进俊. 现代高分子化学实验与技术 [M]. 武汉：华中科技大学出版社，2008.

[3] 张兴英，程珏，赵京波. 高分子化学 [M]. 北京：化学工业出版社，2008.

[4] 张兴英，李齐方. 高分子科学实验 [M]. 北京：化学工业出版社，2004.

[5] 韩哲文. 高分子科学实验 [M]. 上海：华东理工大学出版社，2004.

[6] 李青山. 微型高分子化学实验（第二版）[M]. 北京：化学工业出版社，2009.

[7] 梁晖，卢江. 高分子化学实验 [M]. 北京：化学工业出版社，2004.

[8] 潘祖仁. 高分子化学（第四版）[M]. 北京：化学工业出版社，2007.

[9] 李允明. 高分子物理实验 [M]. 杭州：浙江大学出版社，1996.

[10] 何曼君. 高分子物理 [M]. 上海：复旦大学出版社，2000.

[11] 复旦大学高分子科学系. 高分子实验技术（修订版）[M]. 上海：复旦大学出版社，1996.

[12] 丁恩勇，梁学海. 不同实验条件对 DSC 峰形的影响以及镶边温度的确定 [J]. 分析测试学报. 1993，12（5）.

[13] 韩春艳. 聚合物 DSC 测试结果的影响因素探讨 [J]. 合成纤维工业. 2004，10，27（5）.

[14] 刘振兴，冯开才，黄月娥. 高分子物理实验 [M]. 广州：中山大学出版社，1991.

[15] 潘鉴元，席世平，黄少慧. 高分子物理 [M]. 广州：广州科技出版社，1981.

[16] 钱保功，许观藩，余赋生，等. 高聚物的转变与松弛 [M]. 北京：科学出版社，1986.

[17] 杨小震. 分子模拟与高分子材料 [M]. 北京：科学出版社，2002.

[18] 何平笙，杨小震. "分子的性质"软件用于高分子科学教学实验 [J]. 高分子通报，2000（1）：86.

[19] 何平笙. 高分子物理实验初探 [J]. 高分子通报，2000（2）：94.

[20] 彭建邦，何平笙. 高分子链构象统计学 [M]. 合肥：中国科学科技大学出版社，2006.

[21] 冯开才，李谷，符若文等. 高分子物理实验 [M]. 北京：化学工业出版社，2004.

[22] 杨海洋，朱平平，何平笙. 高分子物理实验 [M]. 合肥：中国科学技术大学出版社，2008.

[23] 李树新，王佩璋. 高分子科学实验 [M]. 北京：中国石化出版社，2008.

[24] 刘建平，郑玉斌. 高分子科学与材料工程实验 [M]. 北京：化学工业出版社，2005.

[25] 金日光，华幼卿. 高分子物理（第三版）[M]. 北京：化学工业出版社，2007.

[26] 张美珍，柳百坚，谷晓昱. 聚合物研究方法 [M]. 北京：中国轻工业出版社，2000.